ÉLÉMENS SUCCINCTS

DE LA LANGUE

ET DES PRINCIPES

DE BOTANIQUE.

ELEMENS SUCCINCTS

DE LA LANGUE

ET DES PRINCIPES

DE BOTANIQUE,

A L'USAGE DES DAMES;

OUVRAGE ORNÉ DE SEIZE PLANCHES EN TAILLE-DOUCE,
AVEC LEUR EXPLICATION.

~~~~~~~~~~~~~~~~

PARIS,

BAUDOUIN, Imprimeur de l'Institut national des Sciences
et des Arts, rue de Grenelle, faubourg Saint-Germain, n° 1131.

———————

PRINTEMPS DE L'AN XI (1803).

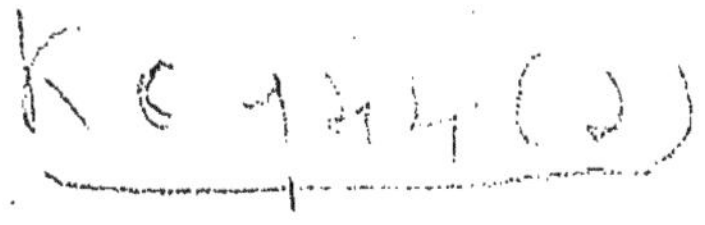
~~~~~~~~~~~~~~~~

A

MADAME FOURCROY.

MADAME,

DAIGNEZ agréer ces simples Élémens. Ils ont été rédigés, pour ainsi dire, sous vos leçons, puisque c'étoient celles que vous suiviez avec tant d'intérêt, lorsque vous fîtes pour la première fois un cours de botanique.

Votre goût pour cette partie la plus aimable de l'histoire naturelle, dont toutes les autres vous sont devenues presque aussi familières, avoit engagé mon père à consacrer quelques momens au but que vous vous proposiez alors : c'étoit de réduire toutes ces leçons à leurs moindres termes , dans la plus courte analyse possible.

Il m'a depuis confié ce travail entrepris pour vous plaire. Je le crois utile à l'instruction publique, puisqu'il le fut à la mienne.

J'ose prendre la liberté de le publier sous vos auspices, comme un tribut qui vous appartient. C'est au fils que ses études dans l'art qu'il exerce, ramènent plus particulière-ment à celle de la botanique, qu'il étoit réservé d'acquitter le vœu de son père, qui n'en fit jamais qu'un objet d'amusement dans ses plus doux loisirs.

L'empire de Flore est devenu le vôtre, Madame, en joignant votre destinée à celle d'un de ces hommes rares et privilégiés, auxquels appar-tiennent en quelque sorte tous les règnes de la Nature par le génie qui s'en empare. Je ne fais donc que vous offrir les élémens de la langue du pays que vous habitez

Recevez-en l'hommage, ainsi que

celui du respectueux attachement qui commença dès mon enfance, et ne finira pour vous, Madame, qu'avec ma vie.

L. C. P. AUBIN,

Élève en Médecine du citoyen CORVISART, et son
Premier Aide à l'École clinique interne de l'hos-
pice de la Charité.

ÉLÉMENS SUCCINCTS

DE LA LANGUE

ET DES PRINCIPES

DE BOTANIQUE.

~~~~~~~~~~~~~~~~

Βοτανη (*Botanée*) est un mot grec qui signifie *herbe*; pris génériquement, il signifie *plante*.

La botanique est la connoissance des *plantes*; ou, comme Tournefort l'a bien défini, la science qui traite des *plantes*.

Cette science a pour objet toutes les parties de la plante en général, et des végétaux en particulier.

Elle s'applique principalement à saisir les *caractères* de chacun, à les classer par ces caractères distinctifs; et, comme toutes les
~~~~~~~~~~~~~~~~

sciences , elle a aussi sa *langue* qui lui est propre, qu'il faut apprendre pour entendre les noms dont on se sert en botanique.

Le dictionnaire de tous ces termes est fort étendu. Il existe. M. Buliard l'a fait en français ; la Philosophie botanique de Linnée , traduite aussi en français , l'offre très-détaillé dans les élémens de cette science. En traitant de ceux-ci , nous allons faire connoître les termes les plus usités de cette langue.

Le premier objet qui , dans la connoissance des *plantes* , doit fixer l'attention , en examinant leurs diverses parties , est justement celui qu'on ne voit pas d'abord ; mais c'est la première de toutes ces parties , puisqu'elle donne naissance aux autres, les soutient, les alimente , et les développe à l'aide de cette nourriture continue et d'une correspondance sans cesse renouvelée avec l'ensemble des attributs de la *plante* , et les élémens qui l'entretiennent dans cet état de vie végétale qui lui est propre. Je veux parler :

DE LA RACINE.

L'instituteur y fait remarquer ,

1º. Le COLLET ou l'extrémité d'où la tige sort ;

2º. Le CORPS de cette même racine ;

3º. La RADICULE , cette partie fibreuse qui la termine pour pomper la nourriture qu'elle transmet à toute la plante.

Ensuite il fait observer ses formes , ses positions, ou *perpendiculaire*, ou *oblique*, ou *torse* , ou *horizontale ;* enfin ses principales divisions, qui sont nées de cette différente structure , telles que

1º. La racine CHEVELUE OU CAPILLAIRE : exemple ; le *fraisier*, etc.

2º. La racine TUBÉREUSE, composée d'une substance charnue : exemple , la *pomme de terre*, etc.

(*Nota.* Elle donne naissance, dans toute sa surface , à des fibres radicales.)

3º. La racine BULBEUSE (comme les oignons), renflée , arrondie en ovale ; vers sa partie inférieure , elle a une certaine portion de chair qui donne naissance aux racines proprement dites. Elle est couverte de plusieurs enveloppes ou tuniques qu'on peut aisément détacher, et diffère de la racine précédente par ces deux dernières particularités, 1°. des côtes d'où sortent les racines, 2°. des tuniques ou pelures qui l'enveloppent.

4°. La racine FUSIFORME, en forme de fuseau : exemple, les *carottes*, les *navets*, les *raves*, etc.

5°. La racine ÉCAILLEUSE, charnue, avec des écarts d'écailles distinctes qui se recouvrent : exemple, le *lis*.

6°. La racine ARTICULÉE, composée d'une substance charnue, rétrécie et renflée alternativement par des nœuds.

7°. La racine FILIPENDULE, composée de petits corps suspendus au bout les uns des autres par un fil commun, comme des grains de chapelet.

8°. La racine GRUMELEUSE, composée de petits corps ronds ou en pointes, suspendus *un* à *un* par un filet.

9°. La racine TRONQUÉE : exemple, la *scabieuse*.

10°. La racine BIFURQUÉE ou DICHOTOME, divisée en deux troncs principaux qui forment la fourche.

(5)

11°. La racine RAMPANTE OU HORIZONTALE,
qui court, et, d'espace en espace, jette
des radicules.

12°. La racine STONOLIFÈRE, qui pousse,
d'intervalle à intervalle, des rameaux qui
s'éloignent du tronc, et produisent de nouvelles plantes appelées *drageons*.

13°. La racine LIGNEUSE, dure et solide
comme du bois.

14°. La racine PIVOTANTE, ou *perpendiculaire* comme un pivot.

15°. La racine PALMÉE, terminée par des
prolongemens semblables à la main.

On peut à toutes ces dénominations, tirées
de la forme variée des différentes racines,
en ajouter d'autres qui dérivent également
de ces diverses formes de structure, telles
que la racine *simple*, qui ne se divise pas;
la racine *rameuse*, qui se divise en rameaux, etc.

La racine soutient la tige qui s'en élève,
comme nous l'avons dit, en sortant de son
collet.

La tige soutient les branches, les rameaux,
les feuilles, la fructification, qui en sortent
à leur tour.

Les arbres , les arbustes ne sont que des racines, pour ainsi dire , prolongées au-dessus de terre : de-là un arbre renversé verticalement portera des feuilles à sa tige descendante et des radicules à sa tige montante. Les saules ainsi renversés reprennent facilement, comme étant d'un bois très-poreux ; les peupliers reviennent de même , et tous les arbres , d'après le même principe , fournissent à l'expérience un pareil phénomène, qui ne doit étonner que les yeux qui n'y sont point accoutumés.

DE LA TIGE.

Ainsi que les racines , les tiges sont variées dans leur forme et dans leur position. Elles sont,

1º. PERPENDICULAIRES ,

2º. OBLIQUES ,

3º. HORIZONTALES ,

4º. RAMPANTES , comme le fraisier dont il sort de nouvelles racines.

5º. NUES ou sans feuilles ; alors elles s'appellent *hampes* , comme dans l'oignon.

6º. CREUSES , ou entrecoupées par des

nœuds ; et alors elles s'appellent *chaumes*, comme dans les *gramens* ou *graminées*.

7°. Formées de feuilles, comme dans le palmier ; et alors elles prennent le nom de FRONS.

8°. De TRONC, dans les arbres.

9°. CYLINDRIQUES le plus souvent.

10°. COMPRIMÉES ou aplaties dans certaines plantes.

11°. TRIANGULAIRES.

12°. CARRÉES comme dans la *sauge*.

13°. TORTUEUSES.

14°. PENCHÉES : exemple, la *gerbe d'or*.

15°. GRIMPANTES comme le *liseron*, le bourreau des arbres d'Amérique.

16°. GRIMPANTES à droite du côté du soleil, à gauche comme le *pavot*.

(*Nota*. Le lierre grimpe par ses racines; la vigne par ses vrilles.)

17°. SIMPLES, non divisées en rameaux comme dans l'*oignon*, le *lis*, etc.

18°. RAMEUSES, divisées en rameaux.

19°. BIFURQUÉES, en deux fourches, ou *dichotomes*, en plusieurs.

20°. CANNELÉES, à sillons profonds.

21º. Striées, à sillons moins profonds.

De la tige on passe successivement aux autres parties de la plante, qui sont :

Le péduncule, rameau de la tige qui soutient plusieurs fleurs.

Le pédicule ou pédicel, qui n'est qu'un péduncule partiel ou rameau de la tige, qui ne soutient qu'une seule fleur.

Le panicule, composé de plusieurs rameaux de fleurs, écartés les uns des autres.

L'épi, composé de rameaux de fleurs, attachés le long d'un axe commun : exemple, le *blé*.

La grappe, composée de fleurs moins rapprochées que dans l'*épi*, mais posées de même : exemple, le *mérisier*, le *raisin*, etc.

L'ombelle, composée de rameaux de fleurs, partant d'un centre commun, en forme de *parasol*, comme la *carotte*, etc.

Le corymbe, composé de rameaux de fleurs, ne partant pas du même point, mais s'élevant à peu près à la même hauteur : exemple, l'*œillet* de poëte.

Le thyrse, composé de rameaux rapprochés de manière qu'ils aient une forme ovale : exemple, le *lilas*.

A ces formes se joignent celles,

1°. Des FLEURS en TÊTE, ainsi nommées, parce qu'elles sont réunies en une forme *sphérique* : ex. l'*oignon*, le *chardon*, etc.

2°. Des FLEURS VERTICILLÉES, c'est-à-dire, disposées circulairement autour des tiges, comme la *sauge* et les fleurs *labiées* en général.

(*Nota*. L'ÉPINE est un prolongement piquant qui ne part que du corps ligneux, à la différence de l'*aiguillon* qui ne part que de l'*écorce*. Ainsi, le *rosier*, le *framboisier*, n'ont point d'*épines*, comme on le dit improprement ; mais l'*aube-épine*, l'*accacia*, en ont. Le *rosier* n'a que des *aiguillons*.)

On distingue dans la TIGE,

1°. L'ÉPIDERME, composé de couches légères, comme il se voit aisément dans le *bouleau*.

2°. Le TISSU CELLULAIRE OU SPONGIEUX sous l'épiderme.

3°. L'ÉCORCE, composée de couches concentrées, de la même substance que le corps ligneux, comme des mailles.

4°. Le LIBER , composé de lames disposées parallèlement.

5°. L'AUBIER , qui, formé du *liber*, devient ensuite le corps ligneux ou le bois par couches annuelles , circulairement arrangées.

6°. La MOELLE qui se trouve au centre du corps ligneux; substance élastique, pulpeuse, qui se prolonge du centre par des rayons divergens à la circonférence , appelés rayons médullaires. La différence du bois coupé perpendiculairement ou obliquement est très-sensible par rapport à ses rayons.

Quand une fois le *liber* est changé en corps ligneux , il n'y a plus d'acroissement. Haller l'a éprouvé en passant un anneau sous l'écorce. Dans les palmiers, dont la tige prend le nom de *frons* par la raison que nous avons dite , l'accroissement se fait par les feuilles et non par le *liber*. Aussi , dans les autres arbres , le milieu est le plus dur; dans les palmiers, c'est la substance la plus molle qui est au milieu : c'est que la tige se fait par le dehors et non par le dedans.

Le BOIS écorcé devient ainsi plus dur.

Remarque. Coupez une bande de l'écorce de deux ou trois pouces, sur un arbre à fruit, il y vient un bourelet; ce qui fait descendre la sève aux fruits seuls quand elle est en action; ce qui grossit par conséquent les fruits. Ce procédé ne doit s'exécuter que lorsque la sève, encore une fois, est en action; et prouve, puisque le bourelet se fait au-dessus de la coupure, que la sève descend par les feuilles, et ne se communique plus, au moyen du bourelet qui vient l'intercepter, aux extrémités inférieures de la plante. De-là ne pourroit-on pas conclure que la sève, montante par les racines et les rayons médullaires, ne forme que la tige, les rameaux et les feuilles; et que c'est par la sève descendante, au moyen des feuilles qui transpirent l'air, que le fruit est formé, grossit et s'accroît de cette transpiration seule? De-là qu'on juge combien est inepte la routine des jardiniers qui dégarnissent le fruit de presque toutes ses feuilles environnantes quand il commence à mûrir sur nos espaliers! C'est le priver, en quelque sorte, des poumons nourriciers auxquels seroit dû son embonpoint.

Le corps ligneux est composé de vaisseaux :

1º. SÉVEUX, renfermant une liqueur aqueuse;

2º. PROPRES, renfermant une liqueur résineuse ;

3º. De TRACHÉES, qui sont des fibres spirales creuses, situées parallèlement aux fibres séveuses, à peu près comme un ruban, faisant l'office des poumons.

Prenez une tige d'églantier de deux ans, déchirez-en l'écorce, exposez le tout à une forte loupe, et vous apercevrez tous ces petits filamens.

Le BOURGEON OU BOUTON est un appendice qui se forme aux aisselles des feuilles dans le temps où la circulation de la sève s'arrête, vers le mois de juin, et renferme les feuilles de l'année suivante.

On distingue,

1º. Le bourgeon ÉCAILLEUX, tel que celui du marronier d'Inde, par exemple ; les écailles ne sont que des feuilles avortées.

2º. Le bourgeon sans ÉCAILLES.

3º. Les bourgeons à FEUILLES seulement.

4°. Les bourgeons à FLEURS, plus et toujours renflés.

5°. Les bourgeons MIXTES, à demi-renflés, tenant le milieu entre les deux autres.

Nota. Le bourgeon sert à conserver les feuilles naissantes pendant l'hiver.

Lorsque les arbres sont jeunes, ces bourgeons sont plus écailleux, parce qu'il y a plus de sève. Cela ne varie pas dans les *saules*, qui sont un bois extrêmement poreux et tendre.

Remarquez que les arbres de la Zone-Torride qui ont des bourgeons écailleux sont les seuls qui se transplantent dans nos climats.

DES FEUILLES.

Les feuilles sont des racines aëriennes qui communiquent aux arbres les sucs nourriciers.

Les feuilles ont deux faces : la face *supérieure* du côté de l'air est plus lisse, plus foncée de vert.

L'*inférieure* plus rude et blanchâtre.

Les feuilles pompent les vapeurs de l'atmosphère , c'est-à-dire , elles *inspirent* ; et les communiquent, c'est-à-dire , elles *transpirent.*

Haller a prouvé , par une expérience , qu'un soleil de nos jardins transpire dix-sept fois plus qu'un homme dans l'espace de vingt-quatre heures.

Pour conserver une feuille , il faut la mettre sur un verre rempli d'eau , la face inférieure du côté de l'eau.

Les feuilles doivent être considérées par rapport à ,

1°. Leur POSITION ;

2°. Leur FORME ;

3°. Leur DIVISION ;

4°. Leur STRUCTURE.

DE LA POSITION DES FEUILLES.

1°. OPPOSÉES, partant de deux points opposés deux à deux.

2°. ALTERNES, partant une à une de deux points non opposés.

3°. VERTICILLÉES, comme dans la *garance,* sont opposées en plus grand nombre que deux.

4ᵉ. Éparses, dans toutes leurs positions. Exemple : le *lis*.

5°. Pétiolées, quand elles sont posées sur une petite queue qu'on appelle *Pétiole*.

6°. Sessiles, ou assises sans queue sur la tige.

7°. Perfoliées, percées par la tige comme dans le *Chèvrefeuille*.

8°. Spirales, qui ne sont pas sur le même plan, et forment des spirales comme dans l'*amandier*.

9°. Pectinées, rangées sur deux rangs en forme de dents de peigne, comme le *sapin*.

DE LA FORME DES FEUILLES.

1°. En cœur ou cordées, de forme ovale échancrée. Exemple : le *lilas*, *le catalpa*, le *peuplier* du Canada, etc.

2°. Ovales sans échancrures.

3°. Elliptiques, du même diamètre aux deux extrémités, en ellipse allongé, comme l'arbre de *Judée*.

4°. Reniformes, échancrées, arrondies en forme de *rein*. Exemple : le *cabaret*.

5°. Lancéolées, en pointe allongée. Exemple : le *laurier rose*.

6º. Hastées, en forme de halebardes allon-
gées, a la base triangulaire par lobes laté-
raux. Exemple : le *pied-de-veau.*

7º. Spatulées, en forme de spatule, s'é-
largissant depuis la base jusque vers la
pointe.

8º. En bouclier, au pétiole inséré en forme
de disque dans le milieu de la feuille. Exemple : la *capucine.*

9º. Filiformes , en forme de cheveux.
Exemple : l'*asperge.*

10º. Subulées , en forme d'alène pointue.
Exemple : le *plantago.*

11º. Linnaires sans pointe.

12º. Persistantes acérées , résistant aux
hivers. Exemple : les *pins* et tous les arbres
verts.

13º. Engainées, comme dans les grami-
mées , embrassant la tige par les feuilles en
forme de gaîne.

14º. Amplexicaules , embrassant la tige ,
comme dans l'*iris.*

15º. Decurrentes, dont les bords se pro-
pagent le long de la tige et au-delà , formant
des ailes. Exemple : le *chardon.*

16°. Triangulaires, \
17°. Pentagones; etc. } *Toutes les formes enfin déterminées par le nombre des angles.*

18°. Ensiformes, aplaties comme une épée à angles opposés : exemple, l'*iris*.

19°. En carène, au dos enfoncé et saillant : exemple, l'*asphodée*.

20°. Ondulées, crépues, crispées par les bords : exemple, la *rhubarbe*.

21°. Plissées, aux nervures enfoncées : exemple, les *varecs*.

22°. En écuelle excavée : exemple, *geranium cucullatum*.

23°. Rugueuses, dont la surface a des rigosités : exemple, la *sauge*.

24°. Fasciculées, sortant d'un même point en faisceaux : exemple, l'*asperge*, le *cèdre* du *Liban*, etc.

DE LA DIVISION DES FEUILLES.

Les feuilles se divisent en,

1°. Angulaires ou angulées, sans aucune scission.

Élémens succincts, etc. 2

2º. Dentées en scie . . . . . . {1º. *Dont la pointe aiguë regarde la tige.*

Dentées seulement . . . . . {2º. *Dont la pointe est horizontale, de la même consistance que la feuille.*

Dentées en arrière . . . . . {3º. *Dont la pointe regarde le* pétiole *de la feuille.*

3º. Crenelées, à dents arrondies en arc de cercle ou à dents anguleuses : exemple, le *bouillon-blanc.*

7º. Lobées, divisées en sinus profondément arrondis : exemple, le *platane*, le *palma christi*, le *vigne*, etc.

8º. Palmées, à lobes droits sans sinuosités, en doigts : exemple, le *palmier*, les *lataniers*, etc.

9º. Laciniées, découpées inégalement : exemple, *vigne* laciniée.

10º. Pinnatifides en plumes découpées le long du pétiole : exemple, l'*artichaux.*

11º. En violon, sinuées sur deux côtés opposés : exemple, l'*oseille-violon (pendurœ formœ).*

12º. Tronquées, etc.

Enfin toutes les divisions qu'offrent les différentes découpures connues.

Les feuilles sont COMPOSÉES quand elles sont portées sur un même pétiole : exemple, le *marronnier d'Inde*, le *frêne*, la *vigne-vierge*, le *sureau*, le *sumac*, le *rosier*, la *pimprenelle*, etc.

Chaque feuille partielle s'appelle *foliole*, *petite feuille* distincte.

Les feuilles composées se divisent en folioles.

1°. DIGITÉES, placées au sommet du pétiole, comme dans le *marronnier*, et partant du même point.

2°. TERNÉES, à trois folioles.

3°. CONJUGUÉES, à deux seulement.

4°. PLUMÉES ou PINNÉES en plumes ; folioles séparées le long du pétiole, comme des barbes : exemple, le *sureau*, le *baguenau-dier*, le *sumac*, le *frêne* et les *légumineuses* en général.

On distingue sous ce nom,

Les *plumées* avec impair, c'est-à-dire, celles qui ont un foliole à l'extrémité.

— Sans impairs, c'est-à-dire, sans foliole terminal.

5°. STIPULÉES, à deux petits appendices

attachés au pétiole ou à la tige : exemple,
le *rosier*.

6°. Glabres, lisses, sans poil.

7°. Velues, avec poil ou soie.

8°. Villeuses, veloutées.

9°. Cotoneuses, courtes de soie et douces
au toucher.

10°. Laineuses, plus longues de soie.

11°. Épineuses, lorsqu'elles piquent.

12°. Glanduleuses, à tubercules.

DE LA STRUCTURE DES FEUILLES.

Les feuilles sont revêtues d'un *paren-chyme* ou réseau cellulaire de tissu, qui
remplit le vide de leurs fibres.

Elles sont quelquefois dures, quelquefois
charnues, comme dans les *aloës*, les *phi-toïdes*, etc., *nervées*, dont les nervures sont
très - saillantes, comme dans les *plantins*.
En un mot, on y trouve les mêmes parties
que dans la tige.

(*Nota*. Leurs poils ou soies sont des
conduits excréteurs qui peuvent se diviser en

Simples,

Ramifiés,

Et en Étoile.)

DE LA FRUCTIFICATION.

Les parties de la fructification sont,

1º. Le Calice,

2º. La Corolle,

3º. Les Étamines,

4º. Le Pistil,

Et l'Ovaire ou l'Embryon,

5º. Le Fruit ou le Péricarpe.

DU CALICE.

Le calice qui entoure extérieurement la corolle, n'est que la continuité de l'épiderme de l'écorce ou son prolongement au sommet de la tige et du péduncule ou du pétiole, qui soutiennent la fleur sur son *réceptacle*. Le *réceptacle* est le pivot de la tige qui porte les fleurs et le fruit ou les semences : exemple, le cul ou le fond d'*artichaux*. Le calice manque souvent à certaines fleurs ; mais le réceptacle ne peut jamais manquer. On le conçoit par sa définition même.

Le calice doit son nom à sa forme en

espèce de vase ou calice qui contient la fleur.

Sa position 1º. sur l'OVAIRE ou le JEUNE FRUIT, le fait surnommer *supère*.

2º. Sous l'OVAIRE, *infère*.

3º. Quelquefois faisant corps avec l'ovaire.

(*Nota.* Dans les labiées le calice est pérenne et porte les semences.)

Le calice, qui n'est que l'épanouissement du *péduncule*, est ou d'une seule pièce ou de plusieurs.

S'il est d'une seule pièce, ou que ses divisions ne s'étendent pas jusqu'à sa base, on l'appelle MONOPHYLE.

De deux pièces, DIPHYLE.

De trois pièces, TRIPHYLE.

De quatre pièces, TÉTRAPHYLE.

De cinq pièces, PENTAPHYLE.

En général, on nomme POLYPHYLE tout calice composé d'un nombre indéterminé de pièces.

(*Nota.* Quand le calice est partagé seulement par des incisions, et non pas divisé jusqu'à sa base, on dit, si c'est à deux incisions, qu'il est *biparti ;* à trois, *triparti ;* à quatre , *quadriparti ;* à cinq *quinqueparti ;* à plus d'incisions indéterminées, *multiparti,* ou *bifide, trifide ,* etc., *multifide*).

Le calice tombe ou *avant,* ou *avec ,* ou long-temps *après* la corolle et ses parties qu'on nomme *pétales ,* comme nous le dirons.

Le calice tombant *avant* la corolle et ses pétales , s'appelle. *caduc ;* tombant long-temps après , en même temps ; *persistant , décidu , deciduus.*

Exemple , dans le *pavot* où la fécondation (remarquez bien ceci) se fait avant l'épanouissement de la fleur , dont les corolles tombent aussi très-promptement , par cette raison qu'elles n'ont plus à garantir le fruit qui est formé ; le calice tombe toujours avant ou avec la corolle. Il s'appelle *deciduus* ou *caduc ,* suivant qu'il tombe *en même temps* ou *avant.*

Il faut distingner sept sortes de calices.

1°. Le Périanthe qui est le vrai , le mot générique , vient du grec περι autour, environnant , ανθος la fleur : ainsi *périanthe* et *calice* sont *synonymes.*

2º. L'INVOLUCRE , du mot latin *involu-crum* , mal nommé enveloppe ; car, comme M. Fourcroy l'enseignoit fort bien , c'est peut-être le seul qui n'enveloppe (puisqu'il est au collet des ombelles) aucune fleur partielle : on y distingue le *grand*, qui prend tout l'ombelle ; et le *partiel.*

3º. Le SPATHE , membrane propre aux *liliacées* , comme à l'*oignon* , et qui se dé-chire pour ne laisser que la corolle.

4º. La BASLE ou *glume* (en latin *gluma)* a deux membranes scarrieuses ; telles qu'on les voit aux graminéés (l'*aréna* n'en a qu'une).

5º. Le CHATON , ressemblant à la queue du chat, tige servant de réceptacle à une quantité de petites fleurs incomplètes qu'elles supportent. En latin le chaton s'ap-pelle *amentum :* c'est de-là qu'on nomme ces sortes de fleurs *amentacées* : exemple , le *noyer* , le *noisettier ,* etc.

6º. La COIFFE , en latin *calyptra.* C'est une enveloppe mince et membraneuse , fi-nissant le plus souvent en pointe, qui re-couvre l'urne dans laquelle sont renfer-més les organes de la fructification des mousses : elle a communément la forme d'un *éteignoir*.

7°. La BOURSE OU VOLVA, qui renferme le champignon avant son développement, et se replisse dessous après son développement.

Il faut encore distinguer le *calice* ou *périanthe*.

1°. En PROPRE, qui ne contient qu'une seule fleur.

2°. En COMMUN, qui en contient plusieurs, comme celui du *barbot*, de la *centaurée*, etc.

Les CALICES sont,

1°. SIMPLES, comme dans l'*œillet* d'Inde.

2°. IMBRIQUÉS, quand les écailles qui le composent sont disposées sur plusieurs rangs à peu près comme des tuiles sur un toit. Exemple, les *chardons*.

3°. CALICULÉS, à plusieurs petits calices, comme dans le *seneçon*, dont un des caractères distinctifs est d'avoir un petit point noir à l'extrémité.

La forme des calices varie en différentes sortes qui prennent diverses dénominations de calices,

1°. Turbinés, arrondis.

2°. Tubulés, en tube.

3°. Ouverts, à pièces écartées.

4°. Renversés en-dessous.

5°. Renflés ou soufflés en vessie comme dans l'œillet, etc.

DE LA COROLLE.

La *corolle* est la partie presque toujours colorée de la fleur, autour de laquelle elle s'étend : entourée elle-même du calice, elle entoure les autres parties de la fleur produite par le liber, comme le calice l'est par l'écorce ; elle a une infinité de trachées dans le tissu délicat qui la compose, et dont les vaisseaux sont la continuité de ceux mêmes du liber. Elle sert à préserver les organes de la fructification. Plusieurs, suivant l'atmosphère, ne s'ouvrent qu'à certaines heures : ex. les *flosculeuses* en général, la *belle-de-nuit*, etc. Leur couleur varie et ne peut servir de caractère. Elles passent du bleu au blanc, du rose au blanc, comme dans la rose unique ; et dans les *campanules*, du rouge au violet, au bleu. Le jaune ne change qu'au blanc, comme dans le *mellilot*. En arrosant les plantes avec des sucs colorés, on parvient quelquefois à changer leur couleur.

M. Desfontaines a remarqué qu'elle ne change point dans les *ombelles*.

Corolle vient du mot latin *corona, couronne, coronula*, et par contraction *corolla, petite couronne ;* parce que cette partie de la fleur en est, pour ainsi dire, la couronne, tant par son éclat que par la place qu'elle occupe autour.

Son éclat qui brille, dans une seule couleur, ou colorié de différentes nuances, varie en se composant avant l'épanouissement, ou en se décomposant après l'épanouissement. Tel on voit le *liseron*, qui, avant de s'épanouir, est lavé de quelque teinte violette dans ses plis, et paroît ensuite tranché de bandes perpendiculaires nettement prononcées de blanc et de lilas, ou de violet. Telle la rose *unique* sort du bouton vivement coloriée d'un rose éclatant, et blanchit presque immédiatement, signe rapide de décomposition et de caducité.

C'est le soleil et le contact de l'air qui

servent à donner cette diversité de couleurs à la corolle ; laquelle, avant l'épanouissement, est presque toujours blanche ou verte dans son calice.

On considère la position de la corolle,

1°. Sur l'OVAIRE ou le FRUIT, *supère* ;
2°. Sous l'OVAIRE ou le FRUIT, *infère* ;
3°. Ou attachée au CALICE : ex., la *rose*, le *pêcher*, l'*amandier*, etc.

On distingue trois parties dans la corolle,

1°. Le LIMBE ; c'est le bord supérieur de la corolle : il est ou *bifide* ou *trifide*, etc., c'est-à-dire, fendu en deux ou en trois, etc.

2°. L'ONGLET : sa partie inférieure qui convient aux *pétales* partiels ; le TUBE ou *tuyau*, qui convient aux monopétales.

3°. La LAME, qui est l'espace occupé entre le *limbe* et l'*onglet*.

4°. Le PÉTALE : c'est le nom qu'on donne à chaque division entière de la corolle, aux pièces plus ou moins nombreuses qui la composent.

De-là une corolle d'une seule pièce s'appelle *monopétale* ; de plusieurs pièces, *polypétale*.

On appelle *apétale* la fleur qui n'a point de *pétale*, par conséquent point de corolle.

Les *monopétales* se divisent,

I. En *MONOPÉTALES RÉGULIÈRES*, lesquelles se subdivisent ainsi,

1°. En CAMPANIFORMES, c'est-à-dire, en forme de *cloche* : ex., le *liseron*, la *campanule*.

2°. En INFUNDIBULIFORMES, c'est-à-dire, en forme d'*entonoir* : ex., la *buglose*, le *lilas*, le *throëne*.

3°. En HYPOCRATÉRIFORMES, parce qu'elles imitent une *soucoupe* antique; repliées, aplaties par le limbe horizontalement : ex., le *flox*.

4°. En ROUE sans tube ou avec tube insensible : ex., la *bourrache*.

5°. En URCÉOLÉES ou forme de grelot.

II. En *MONOPÉTALES IRRÉGULIÈRES*, qui se subdivisent,

1°. En LABIÉES, c'est-à-dire, partagées en deux lèvres distinctes (graines nues au fond du calice) : ex., la *sauge*.

2°. En MUFLE ou PERSONNÉES, c'est-à-dire , masquées (graines renfermées dans une capsule) : ex. le *mufle-de-veau.*

Nota. Dans les *labiées* on remarque le calice *persistant* , la tige carrée , les fleurs odoriférantes , et les quatre semences nues au fond du calice.

Dans les *personnées* , tige ronde , feuilles alternes , les semences cachées dans un fruit.

Les POLYPÉTALES, qui sont les corolles composées de plusieurs pièces détachées entièrement les unes des autres , se divisent comme les monopétales,

I. En *POLYPÉTALES RÉGULIÈRES* , qui se subdivisent,

1°. En CRUCIFORMES à quatre pétales , divisées jusqu'à la base en forme de croix : ex. , le *choux* , la *julienne* , la *giroflée* , la *moutarde* , etc. , semences renfermées dans une *silique* ou *silicule;* graines attachées alternativement aux deux sutures.

2°. En ROSACÉES , à cinq pétales égaux , disposés circulairement comme la rose , d'où cette famille tire son nom , ou à cinq pétales inégaux. Les ombellifères sont rosacées.

3º. En MIXTES, comme, 1º. les *liliacées*, toutes celles dont la corolle est divisée en six pétales faits comme ceux du *lis*, trois en-dedans plus grands, trois en-dehors plus petits. 2º. les *cariophyllées* aux onglets allongés : ex., l'*œillet* simple n'a que cinq pétales.

(*Nota.* On pourroit réduire le §. II de cette troisième division aux *rosacées*, c'est-à-dire les *cariophyllées*, puisqu'elles n'ont que cinq pétales.)

II. En *POLYPÉTALES IRRÉGULIÈRES* ; savoir,

1º. Les IRRÉGULIÈRES proprement dites, ou ANOMALES, qui sont composées de plusieurs pièces irrégulières et dissemblables, semences renfermées dans une capsule : exemple, la *violette*, la *pensée*, la *capucine*, etc.

2º. Les PAPILIONACÉES ou *fleurs légumineuses*, parce que presque tous les légumes sont de cette famille. Semences en gousse, graines attachées d'un seul côté, c'est-à-dire à une seulement des deux sutures ; tenant alternativement aux deux valves qui la composent, mais toujours du même côté. C'est par-là que les *gousses* diffèrent des siliques des giroflées, par exemple ; puisque les graines dans la *silique* sont attachées alternativement aux deux sutures. (Voyez plus bas, article *Péricarpe.*)

Nulle fleur ne paroît plus merveilleusement faite pour conserver tout à la fois, et les organes de la fructification, et le fruit lui-même qui doit en provenir.

C'est dans J. J. Rousseau qu'il faut lire la description intéressante de toutes les parties de cette fleur. (*Lettres élémentaires sur la botanique* : lett. III.)

En somme, elle est composée des pétales ci-après dénommés,

1°. L'ÉTENDARD, pétale supérieur en forme d'étendard tournant comme un parasol avec le vent, pour garantir de la pluie. On nomme aussi ce pétale en latin *vexillum*, en français *pavillon.*

2°. Les deux AILES, qui sont les deux pièces emboîtées encore plus fortement que le pavillon par leurs oreillettes, pour garantir les côtés de la fleur, comme le pavillon pour la couvrir.

3°. La CARÈNE OU NACELLE, qui contient et défend le centre de la fleur, et l'enveloppe par - dessous, aussi soigneusement que les trois autres pétales enveloppent le dessus et les côtés.

§. Il y a des genres où la carène se divise dans sa longueur en deux pièces presque adhérentes par la quille, et ces fleurs-là ont réellement cinq pétales. Le *trefle* des prés a toutes ses parties attachées en une seule pièce; et, quoique papilionacé, ne laisse pas d'être monopétale.

§. Une remarque encore à faire avant de quitter les *corolles* polypétales, c'est que le nombre cinq est très-ordinaire dans les fleurs : beaucoup sont de cinq pétales. La *renoncule* naturelle est de ce nombre. La nature emploie assez généralement les impairs en grand comme en petit. La fleur du *magnolia* a neuf pétales.

§. Les fleurs *monopétales* sont rarement doubles ; mais on double facilement les polypétales par le soin et la culture, à cause du grand nombre d'étamines dont elles sont pourvues, et qui se pétalisent.

Élémens succincts, etc.   3

Après toutes ces divisions fondées sur le nombre et la figure des pétales dans la corolle, on passe à la distinction des fleurs *composées*.

Ce sont autant de fleurs distinctes, réunies dans un même calice commun : tels sont les *artichaux*, les *chardons*, etc.

Elles se divisent,

1°. En FLOSCULEUSES, c'est-à-dire composées de *fleurons* ou *petites fleurs* parfaites; en petits tuyaux *infundibuliformes* dans la base : exemple, la *reine-marguerite*.

2°. En SEMI-FLOSCULEUSES, qui ne renferment que des *demi-fleurons* ou *petites fleurs monopétales*, formées d'un tuyau étroit qui s'évase par le haut en languettes découpées à l'extrémité.

3°. En RADIÉES, lorsque les fleurons et demi-fleurons sont réunis dans une même fleur composée. Les fleurons occupent le centre, qu'on nomme *disque*; les demi-fleurons la circonférence, qu'on nomme *rayon*.

§. Les corolles, qui servent à préserver les organes de la fructification, ont des mouvemens marqués d'irritabilité qui les font ouvrir ou fermer à de certaines heures; comme les *belles-de-nuit*, les *phitoïdes* le font observer, ainsi que nombre de fleurs, pour garantir le trésor du fruit qu'elles cachent, ou quelquefois exposent, aux intempéries ou aux faveurs de l'air : ce qui offre, aux observateurs, à l'occasion de cette irritation spontanée ou inspontanée des fleurs, un moyen de graduer le temps comme une horloge, ou d'en présager la température. Flore leur sert, ou de baromètre, ou d'horloge, ainsi que Linnée s'en est amusé. Pour les amateurs de ces sortes d'observations paisibles et solitaires, il a fait l'horloge de Flore. Le *fungus sibillicus* fermé le soir, est un présage de pluie. Il en est de même de beaucoup d'autres.

§. Pour terminer cet article détaillé de la corolle, il faut parler du *nectaire* ou *nectare* ; caractère que les botanistes observent sous bien des formes accessoires dans la corolle.

Le NECTAIRE est le nom qui appartient à toute partie que l'on rencontre dans une fleur et qui n'est, ni pistil, ni étamine, ni corolle, ni calice. On peut ainsi le définir par ce qu'il n'est pas ; mais il n'est pas aussi facile de définir ce que c'est. Tantôt c'est un petit creux en forme d'entonnoir contenant un suc mielleux , exhalant une liqueur que les abeilles savent fort bien y trouver ; tantôt il se présente sous la forme d'un *filet* ou d'une *écaille*, même d'un poil : souvent il ressemble à un petit *godet*, à un *cornet* , à un *capuchon* , à un *mamelon,* etc. , même à une *nervure*, comme dans le *lis*.

Prenez un pied-d'alouette : cette fleur a cinq pétales dont un à éperon ; enlevez l'éperon , vous verrez le *nectaire*. Voyez dans l'*aconit : ce* sont de petits tuyaux pour recevoir la liqueur. Dans la *pensée ,* c'est l'éperon même qui est le *nectaire ;* dans la *capucine ,* c'est le capuchon ou cet appendice qui la rend irrégulière.

Linnée a trouvé des caractères essentiels dans les *nectaires*. Il a fait un mémoire à ce sujet ; mais M. Desfontaines est d'avis qu'il a donné ce nom trop improprement. Appliquez-le à tout organe distillant une liqueur particulière , et vous ne vous tromperez pas. Dans les *aloës ,* la corolle distille une liqueur sans vase.

C'est assez d'élémens, de principes, pour tout ce qui concerne les parties extérieures de la fructification et du fruit. Passons aux organes sexuels destinés à sa reproduction , fondemens du système le plus ingénieux par sa découverte, le plus vrai par l'application, qui se présente à l'étude de l'homme sur la fécondation des plantes. Parmi les anciens naturalistes, Pline joignit à tant d'autres titres de gloire celui d'avoir soupçonné le premier ce merveilleux système. En parlant des palmiers, Théophraste s'en étoit aussi douté; et Grew, dans des temps plus modernes, s'en entretint avec un professeur allemand, avant qu'il fût démontré. Vaillant fit plus; dans un discours qu'il prononça au jardin du Roi, il l'assura. Son discours fut imprimé. Enfin, Linnée parut. L'académie de Pétersbourg proposa le sujet : Linnée remporta le prix. M. Broussonnet (1) a traduit ce beau discours, qui fonda l'école universelle sur l'expérience.

---

(1) *Journal de Physique* du mois de juillet 1789.

DES ÉTAMINES.

Les ÉTAMINES sont les organes mâles des fleurs. Sous ce nom générique, il faut distinguer,

1°. Le FILET, support délié qui soutient le sommet ou anthère des *étamines*.

2°. L'ANTHÈRE, qui est le sommet où est renfermé le *pollen*.

3°. Le POLLEN, qui est la poussière fécondante composée de petits *globules ovoïdes*, qui conservent leurs formes dans la même plante, mais changent dans les différens genres.

Linnée pense que les *étamines* existent dans toutes les plantes, même dans les fougères et dans les mousses, où l'on n'aperçoit point de fleurs.

On les voit, au contraire, très-distinctement dans les *lis*.

Les *étamines* posent quelquefois sans filets; mais le plus souvent ces filets existent de différentes sortes, telles que

1°. Les FILETS capillaires, comme des cheveux : exemple, le *plantin*, les *gramens*.

2°. Aplaties par la base et formant une espèce d'écaille pour protéger le germe.

3°. Elargies dans la partie supérieure près l'*anthère*.

4°. En spiral.

5°. En alène recourbée.

6°. Fourchues : exemple, l'*oignon*, l'*ail*, quelques *labiées*, et quelques *crucifères*.

En général, il est très-rare qu'une fleur n'ait qu'une seule étamine ; cependant il y en a, puisque cette classe est la première du système de Linnée.

L'inégalité des étamines n'a souvent d'autre cause que leur position, lorsqu'elles sont en grand nombre, afin que le pistil soit fécondé par chaque étamine. Il existe des glandes qui éloignent les étamines et leur donnent une forme différente, comme dans les crucifères. (Voyez les *Lettres élémentaires de J. J. Rousseau sur la botanique.*) Dans les *labiées*, l'inégalité des étamines est naturelle : elles en ont toujours deux plus longues et deux plus courtes.

Il est des étamines dont les filets sont totalement séparés ; ce qui arrive le plus généralement. Il en est d'autres dont les filets sont liés plus ou moins, comme des frères : ce qui leur fait donner le nom grec d'*adelphie, monadelphie, diadelphie,* etc.

Dans la *polyadelphie,* comme les oranges, il y a cinq, sept et douze paquets de filets joints ensemble.

Dans la *diadelphie,* comme les légumineuses, neuf étamines sont en paquet attachées ensemble, et une seule est séparée ; d'où M. Fourcroy conclut que c'est improprement qu'on les appelle *diadelphie,* puisqu'elles ne sont pas séparées également : apparemment, puisque les neuf font corps, la dixième est séparée nécessairement pour aider le fruit à sortir.

On ne peut guère compter le nombre des étamines que par celui des *anthères.*

Les *anthères* sont, ou *sessiles* sans filamens, ou en quelque sorte *pédunculées,* c'est-à-dire posées sur le sommet des filets ou filamens. Dans le premier cas, pour les compter exactement, il faut les détacher avec soin, sans en offenser aucune, et les prendre une à une.

Les *anthères* varient dans leur forme, mais ne manquent jamais. Oblongues dans le *lis* , arrondies dans la *mercuriale* , quelquefois elles sont glanduleuses, anguleuses, sagittées , etc. Les anthères sont quelquefois réunies comme dans les fleurs composées : ce qui s'appelle alors *syngénésie* ou génération en commun.

L'anthère s'ouvre le plus souvent par le sommet ou longitudinalement , pour laisser tomber sa poussière sur les parties supérieures du pistil ; soit qu'un simple contact suffise , soit qu'il faille qu'elle soit portée jusqu'à l'ovaire. Dans les bruyères elles s'ouvrent par de petites cornes au sommet , de même que dans la *douce-amère* et le *solanum.* Il se trouve quelquefois deux ou trois anthères sur le même filament : exemple , la *mercuriale* , la *fumeterre* , etc. Quand on veut vérifier l'expérience du jet des poussières fécondantes, il ne faut pas prendre des fleurs trop récentes ; excepté dans le pavot, où, comme nous l'avons observé, la fécondation se fait avant l'épanouissement de la fleur: Voilà pourquoi le calice et la corolle même tombent presque aussitôt après, parce que leurs fonctions sont nulles après l'épanouissement, puisque la fécondation le précéde. On peut remarquer très-visiblement les anthères des lis sur la surface de l'eau jeter leur poussière. Cette poussière est composée, comme nous l'avons dit, de petits globules ovoïdes recouverts d'une pellicule qui s'ouvre le matin.

§. I. Une remarque essentielle, avant de quitter l'article des étamines ; c'est qu'elles sont toujours attachées aux corolles dans les *monopétales* : exemple, l'*iris*, la *campanule*, le *lis*, etc. Dans les *polypétales*, au contraire, elles sont toujours, ou sur le pistil, ou au-dessus, ou au calice (exemple, les *roses*), ou au sommet de la tige, au réceptacle, ou au-dessous de l'ovaire, comme dans le *pavot ;* ou elles tiennent à un petit cercle, comme dans les *renoncules*, tout autour de la corolle ; enfin sur l'ovaire, comme dans les *crucifères*.

§. II. On peut produire des *hybrides, mulets* ou *métifs* (ce qu'on a appelé improprement des plantes *polygames*, c'est-à-dire portant des fleurs hermaphrodites et des fleurs unisexuelles, mâles ou femelles, sur un même individu, ou sur deux ou trois séparément) , en transportant des poussières sur des analogues. (Voyez la *Traduction du mémoire de Linnée*, par M. Broussonnet. Voyez aussi les *Aménités de Linnée* , tom. III.)

§. III. Dans les *ruës* les anthères sortent des pétales pour aller chercher les pistils , et s'en écartent ensuite : dans la *nicotiane* ou tabac, dans la *frétillaire* de Perse, etc., cela tient à l'irritabilité des étamines ; dans d'autres, les pistils vont chercher les étamines ; dans l'*épine-vinette* ce sont les étamines qui , dès qu'on les touche, se rapprochent du pistil.

§. IV. On a observé qu'avec de l'*opium* ou de la *décoction de tabac* on faisoit perdre à la sensitive sa mobilité, ou plutôt son irritabilité.

§. V. Les plantes se fécondent, comme elles se sèment, à de grandes distances, par les vents.

M. Adamson en a fait l'expérience sur deux palmiers mâle et femelle, séparés par un mur, à quatre lieues de distance.

M. Lemonnier, par le vent, de Trianon à Versailles, a fait chez lui pareille expépérience.

Nous voici arrivés à la dernière partie de la fructification qu'il importe de considérer, avant d'exposer les tableaux des méthodes-pratiques nécessaires pour désigner, ou plutôt pour classer les plantes qui s'offrent à notre curiosité.

Cette dernière partie peut comprendre tout ce qui nous reste à expliquer sur l'article de la fructification. Je veux parler du pistil.

DU PISTIL.

Le PISTIL est l'organe femelle des fleurs. Sous ce nom générique, il faut distinguer trois parties qui composent le pistil,

1º. Le STYLE (partie filamenteuse qui paroît tirer son origine de la moelle même des plantes, et s'élève de la sommité de l'ovaire en portant celle qui suit). Il y en a souvent plusieurs, souvent aucun.

2º. Le STIGMATE (quand le style manque, le stigmate repose immédiatement sur l'ovaire ou le germe, et alors il est sessile). La poussière que reçoit le stigmate des anthères est transmise par le filet, quand il y en a, à l'ovaire où elle féconde les graines qui sont en petit.

3°. L'ovaire, ou le *germe,* ou *embryon;* c'est là qu'est le dépôt de la régénération.

Le *pistil* occupe toujours le centre de la fleur.

Les fleurs qui n'ont que des pistils sans étamines sont femelles.

Les fleurs qui n'ont que des étamines sont des mâles.

§. Dans les palmiers et le chanvre, par exemple, les étamines sont sur un pied et le pistil sur l'autre. Ces sortes de plantes, ainsi partagées en mâles sur un pied, et femelles sur l'autre, s'appellent *dioïques;* c'est-à-dire à deux maisons : *monoïques* à une seule maison, mâles et femelles, séparées, sur le même pied. (Exemple, le *noisettier,* le *noyer,* le *bouleau.*)

Polygames signifient celles qui, sur un même pied, portent des fleurs hermaphrodites, des fleurs mâles et des fleurs femelles séparées. Ces fleurs distinctes par leurs sexes, réunies ou divisées sur un même pied, ne doivent pas être confondues avec les *hybrides* (1). (Exemple, la *pimprenelle.*)

Androgynes signifient les plantes monoïques qui, sur un même pied, portent des fleurs mâles et des fleurs femelles.

L'ovaire, qui fait une partie essentielle du pistil, après son accroissement forme ce que les botanistes n'appellent pas le fruit, comme on le nomme vulgairement, mais le *péricarpe.*

Le péricarpe est l'enveloppe qui renferme les semences : c'est le nom générique que les botanistes sont convenus de donner à toute espèce de fruit ou enveloppe renfermant les semences. Il faut cependant observer que beaucoup de plantes n'ont point de péricarpe, c'est-à-dire d'enveloppe qui renferme leurs semences. Alors ces semences

____

(1) C'est un terme employé par Horace pour désigner la même chose qu'il signifie en botanique, c'est-à-dire, des *métis* ou *mulets* provenant de deux espèces différentes.

Antoine, par dérision, fut surnommé chez les romains *Hybrida.*

sont à nu sur le réceptacle ou dans le calice , portées quelquefois par les vents sur
des plumules, comme les *chandelles* des
champs , ainsi que les enfans nomment ces
aigrettes qu'ils soufflent pour leur joüet.

DU PÉRICARPE.

Le PÉRICARPE se divise ou change son
nom ,

1°. En CAPSULE, enveloppe dure et sèche
après sa maturité , qui se partage en *valves,*
lesquelles se subdivisent en loges par cloisons:
exemple, le *pavot.* Il en est qui acquièrent
par la sécheresse un tel degré d'élasticité ,
qu'elles lancent au loin leurs semences :
exemple, l'*alleluia.* D'autres fois elles les
laissent tomber en s'ouvrant , ou en travers,
ou de bas en haut, ou de haut en bas , et
par un trou au sommet d'où s'élancent les
semences. La *belsamine* s'ouvre longitudinalement à sa capsule , et lance ainsi ses semences. La *jusquiame* s'ouvre circulairement
par un couvercle. D'autres capsules s'ouvrent par petits trous à la sommité au-dessous du stigmate , comme dans le pavot.

Souvent la capsule n'a qu'une seule loge (*uniloculaire*), souvent elle en a plusieurs (*multiloculaire*) ; deux et trois , comme dans les *liliacées*.

La capsule est *univalve* , lorsqu'elle est d'une seule pièce et ne s'ouvre que d'un côté ; *bivalve* , *trivalve* , etc. , *multivalve* , etc. , lorsqu'elle est composée de deux ou trois , ou plusieurs pièces. Si les loges de la capsule sont tellement distinguées qu'elles forment plusieurs capsules réunies , mais distinctes, on les nomme *bicapsulaires*, etc., *multicapsulaires* , etc.

2°. En COQUE , enveloppe dure, composée d'une seule pièce , qui s'ouvre de bas en haut, d'un seul côté et sans suture : exemple, le *laurier-rose*.

3°. En SILIQUE OU SILICULE , enveloppe qui devient dure et sèche , composée de deux panneaux ordinairement allongés , mais qui varient dans leur forme : tantôt creusés en bateau ou *naviculaire* , tantôt tragonètes, c'est-à-dire à quatre côtés. Une membrane intermédiaire, que l'on nomme cloison ou *médiastin* , sépare les deux panneaux. Les graines ou semences posées sur les deux faces du médiastin , y tiennent attachées chacune par un court pédicule , alternativement à droite et à gauche aux sutures du médiastin ; c'est-à-dire à ses deux bords , par lesquels il étoit comme cousu avec les valvules , avant qu'elles se séparassent , en s'ouvrant de bas en haut pour donner passage aux semences, lorsqu'elles sont tout-à-fait mûres : exemple , les *cruciformes*. Un filet attaché et à l'une et à l'autre suture longitudinale des valves ou panneaux , fait l'office du placenta ou cordon ombilical , qui suspend les semences, comme on vient de voir, alternativement par le court pédicule de chacune. (Voyez les *Lettres élémentaires sur la botanique* , par J. J. Rousseau : *Lett. II.*)

4°. En GOUSSE , enveloppe un peu semblable à la silique , et qui appartient aux légumes, formée de deux panneaux oblongs , nommés *cosses*. Les semences sont attachées à une des deux sutures seulement. Voilà par où la *gousse* diffère de la *silique*.

5°. En FRUIT *à noyau* ou DRUPE , du mot latin *drupa* , composé d'une pulpe ou chair molle qui renferme un noyau, espèce de boîte ligneuse dans laquelle est contenue la

Elémens succincts , etc. 4

semence, vulgairement appelée l'amande : exemple, le *prunier* ou le *cerisier*. Le pêcher est un prunier-pêche; l'abricot est un prunier-abricot.

6°. En *fruit à pepins*, ou POMME, composé d'une pulpe charnue dont la chair est ferme, plus ou moins succulente ; dans le milieu de laquelle on trouve ordinairement des loges membraneuses qui renferment des semences qu'on nomme *pepins*, dont l'enveloppe est coriace : exemple, le *poirier, pomme-poirier*. On l'appelle *pomme*, lorsqu'elle a une petite cavité au bout opposé à celui qui tient au péduncule : cette cavité s'appelle *ombilic* ou *nombril*. Les jardiniers l'appellent *œil*. La poire et la pomme ne sont que deux espèces du même genre; leur unique différence caractéristique, c'est que le pédicule de la pomme entre dans un enfoncement du fruit, et celui de la poire tient à un prolongement du fruit un peu allongé. Son genre est bien défini par J. J. Rousseau, comme il suit (*Lett. VII, sur la botan.*) :

Calice monophylle à cinq pointes.

Corolle à cinq pétales attachés au calice.

Vingt *étamines*, toutes attachées au calice.

Germe ou *ovaire infère*, c'est-à-dire sous la corolle.

Cinq *styles*, fruit charnu à cinq logettes, contenant les graines ou semences.

7°. En BAIE, enveloppe molle, pulpeuse et succulente, ordinairement, où l'on ne trouve aucune division de loge ; et qui renferme les semences éparses dans la pulpe.

8°. En CÔNE écailleux, composé d'écailles ligneuses appliquées les unes contre les autres, s'ouvrant par le haut, et fixées par le bas sur un axe qui occupe le centre : exemple, les *pins*, l'*épicéa*, tous les *conifères*. Remarquez que les plantes dont le fruit est un cône, ont ordinairement la floraison de même, et les fleurs incomplètes.

9°. En NOIX, espèce de fruit *osseux*, composé de plusieurs pièces, recouvert d'une enveloppe dure ou coriace, dans le milieu duquel est la semence : exemple, le *noyer*, le *noisettier*, l'*amandier*. La chair qui lui sert d'enveloppe se nomme *brou*, le brou de noix.

10°. En URNE, espèce de capsule des mousses.

§. Le péricarpe est formé généralement par le pistil ; quelquefois par le calice ou le réceptacle, comme dans la fraise : dans l'iris, c'est le pistil ; dans le rosier, c'est le calice. Les graines sont souvent à *nu* sur le calice, qui est alors persistant comme dans la *sauge*, le *froment*, les *gramens* et les *ombelles*. Le péricarpe varie souvent autant que les espèces.

DES SEMENCES.

La *semence* ou *graine* est cette partie du fruit qui est destinée à reproduire une nouvelle plante, semblable à celle qui lui a donné naissance, lorsqu'on la dépose dans le sein de la terre où elle se dévelope, comme le poulet dans l'œuf, fécondée et couvée, pour ainsi dire, par la chaleur de la terre et de l'air.

Les semences varient de formes, ou *sphériques*, ou *triangulaires*, ou *plates*, *arrondies*, *aigrettées*, *ailées*, *étoilées*, *globuleuses*, *réniformes*, *cylindriques*, etc. L'air et l'eau sont les agens de la germination des semences.

Il faut considérer la semence ;

1º. Extérieurement.

A l'extérieur on y distingue, 1º. la *pellicule* ou l'*arille*, très-visible dans les semences du *café*, du *jasmin*, etc. ; membrane qui recouvre la graine, et qui, ainsi que les plus déliées dont elle est tapissée, reçoit les sucs nourriciers, les transmet au-dedans, concentre la chaleur, et contribue à la fermentation des semences, d'où naît leur développement ; 2º. la *cicatrice*, comme dans le haricot, espèce d'ombilic par où la graine se nourrit des sucs de la terre et de l'air ; 3º. le *cordon ombilical*, espèce de faisceau de vaisseaux ; prenant sa source dans la capsule pour se réunir à la plante, comme dans le *magnolia*, le *baguenaudier*.

2º. Intérieurement.

A l'intérieur, après avoir bien soigneusement enlevé les pellicules ou membranes qui recouvrent la semence, on distingue les *lobes*, la *plantule*, la *radicule*.

Les *lobes* ou *cotylédons* sont les deux petites feuilles qui sortent les premières (très-différentes de celles que la plante doit porter), lorsque la semence est germée. En cet état, les lobes prennent le nom de *cotylédons* ou feuilles séminales : auparavant ils se tenoient réunis, renfermant le rudiment de la tige ou *plantule*, le rudiment de la racine ou radicule, sous le nom générique de *corcule*, en latin *corculum*.

La *plantule*, comme une petite plume, et pour cela nommée *plumule*, s'élève hors de la terre.

La *radicule* y plonge, et quelquefois, comme dans le *dattier*, elle sort de côté, ainsi que la *plumule*, ou par la semence, ou par la base ; chacune prend ensuite sa direction naturelle.

Lorsqu'il ne paroît qu'un seul lobe à la semence germée, comme dans les liliacées et les graminées, c'est ce qui s'appelle *uni-lobé* ou *monocotylédon* ; deux lobes comme dans les légumineuses, et le plus grand nombre des plantes, *dicotylédons*. Bernard de Jussieu vouloit qu'il n'y eût jamais que deux cotylédons. Cependant M. Desfontaines cite le pin, qui en renferme un plus grand nombre. Le chêne a deux feuilles séminales ou lobes, et a à sa base séminale deux gros corps charnus, comme on le voit aussi au *haricot*. Le liseron lève toujours en *cœur*.

Lorsque la plumule et la radicule sont dans l'intérieur de la semence, elles sont, comme l'*albumen* dans l'œuf, tantôt molles, tantôt fermes ou charnues.

La *plumule* ou *plantule*, et la *radicule*, constituent essentiellement la semence; les lobes leur servent de berceau.

§. C'est sur les rapports de ces principes mécaniques des plantes que sont fondés essentiellement les *classes*, les *ordres* et les *genres*, qui servent à diviser méthodiquement tous les végétaux, comme nous allons le voir dans les tableaux suivans des méthodes botaniques de Tournefort, de Linnée et de Jussieu.

TABLEAU

DE LA MÉTHODE

DE TOURNEFORT.

Class.

```
                                                    ( Campaniformes.... En cloche ..
                     / Régulières............... { Infundibuliformes. En entonnoir
       /Monopétales..{
      /               \ Irrégulières ............ { Personnées........... En masque..
Herbes à              (                           { Labiées ............. En gueule...
fleurs sim-{
ples ......                                       ( Cruciformes........ En croix.... 
      \                                           { Rosacées ........... En rose.....
       \              / Régulières............... { Ombellifères ....... En parasol..
        \Polypétales..{                           { Caryophyllées..... En œillet ...
                      \                           ( Liliacées .......... En lis.......
                       \
                        \                         ( Papilionacées...... Légumineu-
                         \ Irrégulières.......... {                      ses , en pa-
                                                  {                      pillon..... 10.
                                                  ( Anomales .......... En forme bi-
                                                                         zarre sans
                                                                         nom....... 11.
                                                                         Exemple: La
                                                                          violette
                                                                          l'aconit
                                                                          etc.
```

```
Herbes à  ( Flosculeuses ..................................................... A fleuron... 12.
fleurs com-{ Semi-flosculeuses ............................................... A demi-fleu-
posées .... ( Radiées......................................................... ron ....... 13.
                                                                              En soleil.... 14.
```

```
Apétales    (
sans corolle{ A étamines...................................................... 15.
ou sans pé- { Sans fleurs..................................................... 16.
tales ..... ( Sans fleurs ni fruit............................................ 17.
```

```
            (                                    ( Apétales. .......... Sans corolle. 18.
Arbres à    { Apétales. ...................... ...{ Amentacées ........ En chaton.. 19.
fleurs .....{
            \ Pétalées......{ Monopétales.. | A Corolle.................... Monopétale. 20.
                           { Polypétales...{ Régulières.. | Rosacées....................... 21.
                                           { Irrégulières. | Papilionacées.................. 22.
```

TABLEAU DU SYSTÈME SEXUEL DE LINNÉE.

LEURS....... {

VISIBLES .... {

Hermaphrodites...... {

Les étamines n'étant unies par aucune de leurs parties, toujours égales.

Classes

A. 1 étamine...................................... Monandrie............ 1.
2 étamines..................................... Diandrie............. 2.
3 étamines..................................... Triandrie .... 3.
4 étamines..................................... Tétrandrie........... 4.
5 étamines..................................... Pentandrie .... 5.
6 étamines..................................... Hexandrie .... 6.
7 étamines..................................... Heptandrie .... 7.
8 étamines..................................... Octandrie............ 8.
9 étamines..................................... Ennéandrie .... 9.
10 étamines.................................... Décandrie .... 10.
12 étamines.................................... Dodécandrie .... 11.
Une 20ᵃⁱⁿᵉ d'étamines adhérentes au calice.... Icosandrie .... 12.
Depuis 20 étamines jusqu'à 100, qui ne tiennent
point au calice................................ Polyandrie........... 13.

Les étamines inégales, z toujours plus courtes.

4 étamines. | 2 petites, 2 plus grandes.......... Didynamie........... 14.
6 étamines. | 2 petites opposées, 4 grandes..... Tétradynamie .... 15.

Les étamines unies par quelques-unes de leurs parties.

Les filets unis en un seul corps.................. Monadelphie......... 16.
———————— deux corps.................... Diadelphie........... 17.
———————— plusieurs corps.............. Polyadelphie......... 18.
Par les anthères en forme de cylindre.......... Syngénésie........... 19.
Etamines unies et attachées au pistil........... Gynandrie .... 20.

Les étamines et les pistils dans des fleurs différentes.

Sur un même pied... Monœcie .... 21.
Sur des pieds différens.. Diœcie .... 22.
Sur le même pied ou des pieds différens, avec des fleurs hermaphrodites. Polygamie .... 23.

INVISIBLES, ou à peine visibles, qu'on ne peut décrire ostensiblement; mariages ou noces cachés. Cryptogamie .... 24.

Elémens succincts, pag. 56 *bis.*

TABLEAU

DE LA MÉTHODE

DE JUSSIEU.

cotylédons ou sans lobes à la semence................ } Plantes sans cotylédons .... I.

onocotylédons qui n'ont qu'un seul lobe à la semence....... {
- Etamines attachées sous le pistil ou au réceptacle............... II.
- Etamines attachées au calice ou autour du pistil............... III.
- Etamines attachées sur le pistil... IV.

icotylédons qui ont 2 lobes à la semence... {

Apétales.... {
- Etamines sur le pistil........... V.
- ————— attachées au calice..... VI.
- ————— attachées au réceptacle.. VII.

Monopétales . {
- Corolle sous le pistil............ VIII.
- ———— attachée au calice........ IX.

Etamines attachées à la corolle..... } Sur le pistil.. {
- Anthères unies ou connée......... X.
- Anthères distinctes. XI.

Polypétales .. {
- Etamines sur le pistil........... XII.
- Au réceptacle sous le pistil...... XIII.
- Au calice autour du pistil....... XIV.

Irrégulières .. | Sans ordre d'insertion d'étamines.. XV.

Index des ordres naturels de *JUSSIEU* pour correspondre au tableau ci-contre.

Classes.

Acotylédons.. I.

Monocotylédons........{ Etamines sous le pistil, ou Hypogynie... II.
———— autour du pistil, ou Périgynie.... III.
———— sur le pistil, ou Epigynie..... IV.

Dicotylédons à pétales..{ Etamines sur le pistil, ou Epigynie.... V.
———— autour du pistil, ou Périgynie.... VI.
———— sous le pistil, ou Hypogynie... VII.

Monopétales...........{ Corolle sous le pistil, ou Hypogynie... VIII.
——— autour du pistil, ou Périgynie.... IX.
——— sur le pistil, ou Epigynie..... X.

Nota. Etamines attachées toujours à la corolle. { à anthères connées. } XI.
{ à anthères distinctes. }

Polypétales...........{ Etamines sur le pistil, ou Epigynie.... XII.
——— sous le pistil, ou Hypogynie... XIII.
——— autour du pistil, ou Périgynie.... XIV.

Dyclines à deux lits ou sexes constament séparés sur deux fleurs... XV.

ARACTÈRES GÉNÉRIQUES

Des principales familles naturelles des plantes.

1°. *Famille des LILIACÉES.*

Corolle, ou, suivant Jussieu, calice à six divisions.

Six étamines.

Une ou trois styles.

Germe supérieur.

Baie ou capsule à trois loges.

2°. *Famille des LABIÉES.*

Tige carrée.

Feuilles opposées.

Calice d'une seule pièce, souvent dentée.

Quatre graines nues au fond du calice.

Deux à quatre étamines.

Un style.

Corolle à deux lèvres.

3°. *Famille des PERSONNÉES ou en masque des anciens.*

Elle ne diffère de la famille des labiées

que parce que le fruit y est renfermé dans un péricarpe : exemple , le *mufle-de-veau*.

4°. *Famille des* PAPILIONACÉES.

Nota. On en distingue au moins cent espèces.

Calice d'une seule pièce dentée au sommet.

Dix étamines en deux paquets, dont le supérieur ne contient qu'une étamine, et l'inférieur les neuf autres.

Corolle papilionacée.

Le fruit est une gousse.

Feuilles composées , ternées, alternes.

5°. *Famille des* OMBELLIFÈRES *ou en parasol, partant d'un centre commun, espèces difficiles à bien distinguer par la forme et la disposition.*

Cinq pétales placés sur l'ovaire.

Cinq étamines.

Deux graines nues, placées l'une contre l'autre.

Deux styles.

Feuilles alternes.

6°. *Famille des* CRUCIFÈRES.

Calice à quatre feuilles.
Six étamines, dont deux plus courtes.
Quatre pétales.
Deux styles.
Une silique.
Feuilles alternes.

7°. *Famille des* FLEURS *composées*.

L'une des plus nombreuses, qui comprend,

1°. Les *flosculeuses* ou fleurs composées de plusieurs autres fleurs dans un même calice en tube, découpées au sommet et posées sur une petite graine ou un ovaire.

Cinq étamines formant un cylindre par les anthères réunies.

Un style.

2°. Les *semi-flosculeuses* en languettes, qui ne diffèrent des précédentes que parce qu'elles sont comme des *lames*, ou lamiées.

3°. Les *radiées*, espèce de famille qui réunit les deux précédentes sortes de fleurs;

flosculeuses au milieu du rayon , et semi-
flosculeuses autour.

8º. *Famille des* ROSACÉES.

Pétales qui tiennent au calice.
Calice d'une seule pièce.
Corolle polypétale.
Etamines au nombre de vingt et plus ,
attachées au calice : exemple , le *poirier* ,
le *pommier*, etc.

9º. *Famille des* GRAMINÉES.

Tige ou *chaume* creux, divisé par nœuds ,
engaîné dans les feuilles.
Calice ou *glume* coriace , sans corolle.
Trois étamines à anthères écartées en x.
Un graine nue au fond du calice , qui la
recouvre.

CONCLUSION.

O n peut, d'après ces exemples, carac-
tériser toutes les autres familles naturelles
des plantes, suivant l'ordre, la classe, la
section, le genre des méthodes que l'on
suivra pour en distinguer les espèces différentes à travers cette multitude innom-
brable, silencieuse et paisible, de végétaux
qui nous environnent.

Habitans de la terre, qu'ils peuplent
comme tous les êtres animés, ils sont peut-
être les plus heureux, parce qu'ils ne changent point de place, et n'ont par conséquent,
ou ne témoignent, nulle inquiétude, nulle
passion que celle de l'amour, qui ne leur
sert qu'à se reproduire.

On sent la nécessité qui fit créer une
langue pour les reconnoître et en parler sa-
vamment, afin de s'entendre au milieu d'eux.
Ils n'en ont pas besoin, puisqu'ils sont
muets, et qu'unis à la terre ils n'ont rien
à demander. Son sein qui les nourrit ne
les rejette jamais, et ils ne craignent point

d'y rentrer tout entiers lorsqu'ils cesseront de vivre.

Terminons par un appendice des familles naturelles des plantes , suivant la méthode de Jussieu , pour faciliter, d'autant plus , l'application des élémens de la langue botanique.

La nomenclature ainsi raisonnée de cette méthode servira d'introduction à l'étude du Catalogue de l'école du Jardin des Plantes sur la nature.

Pour achever de s'instruire sous tous les rapports il faudroit comparer cette méthode à celle de Tournefort et au système de Linnée , par la *Synonymie* et les rapprochemens qu'on peut en faire soi-même, quand on sait une fois parler la langue des botanistes , qui n'a d'autre grammaire que celle qu'on vient d'exposer.

Botanique des Dames et des Enfants.

Pl . 2 .

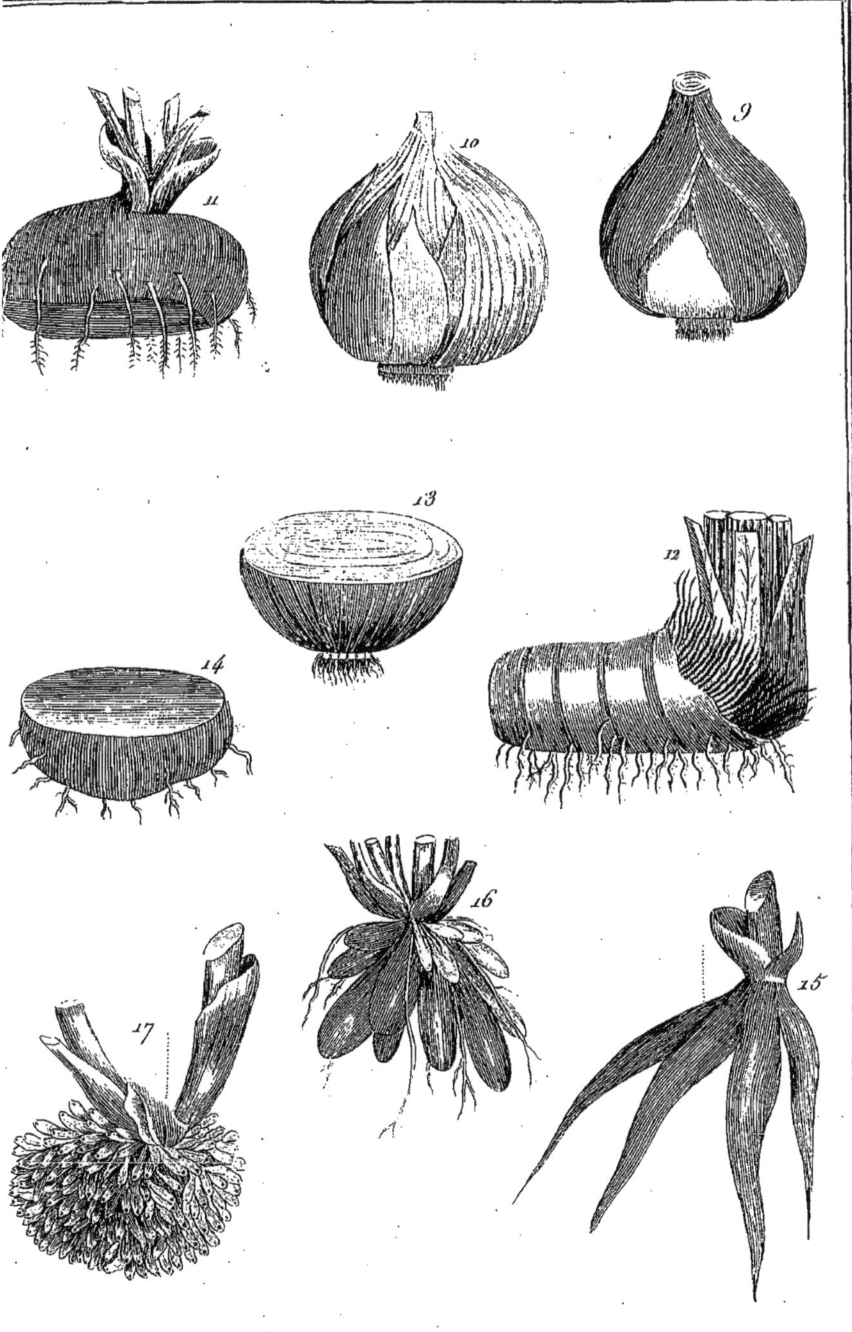

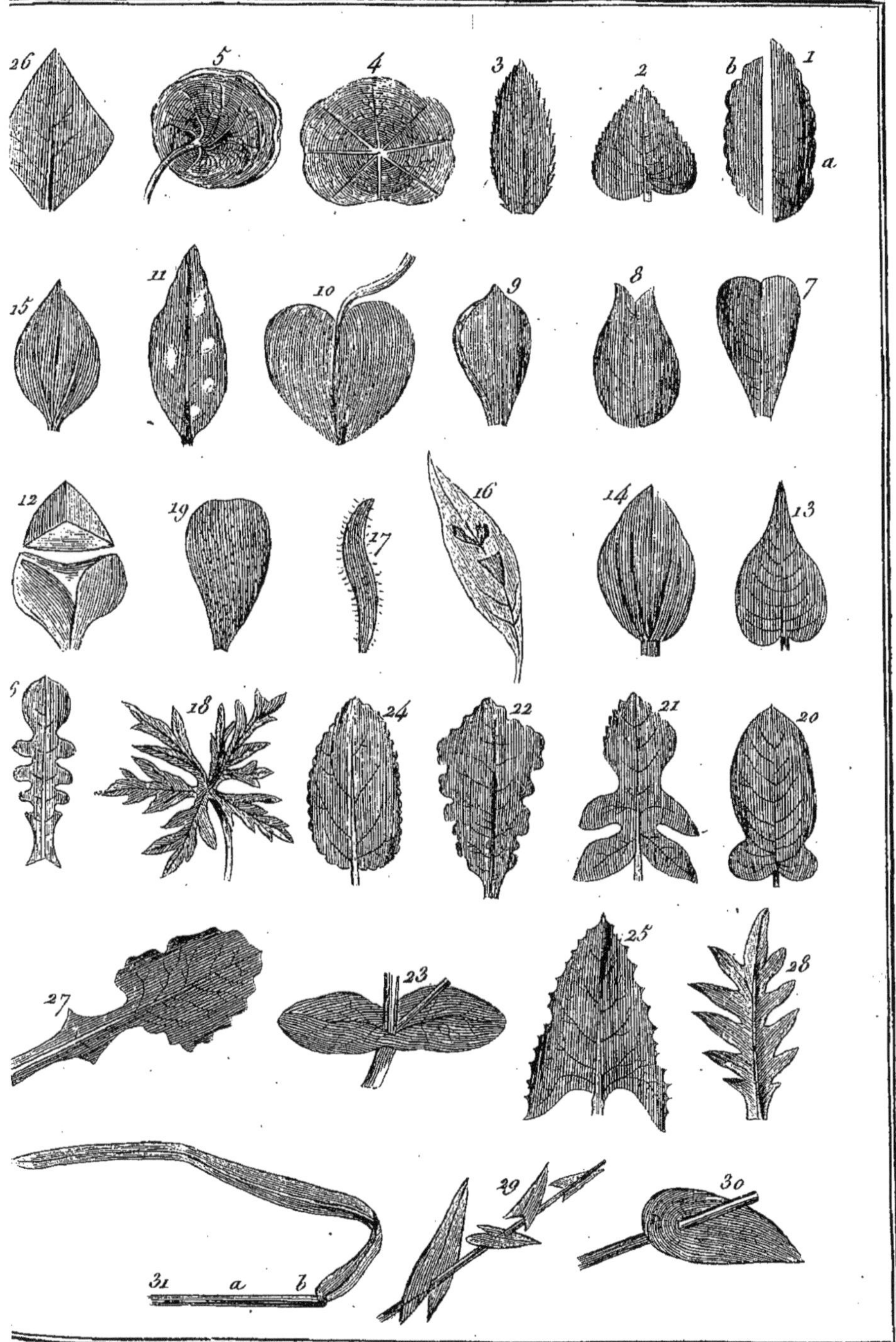

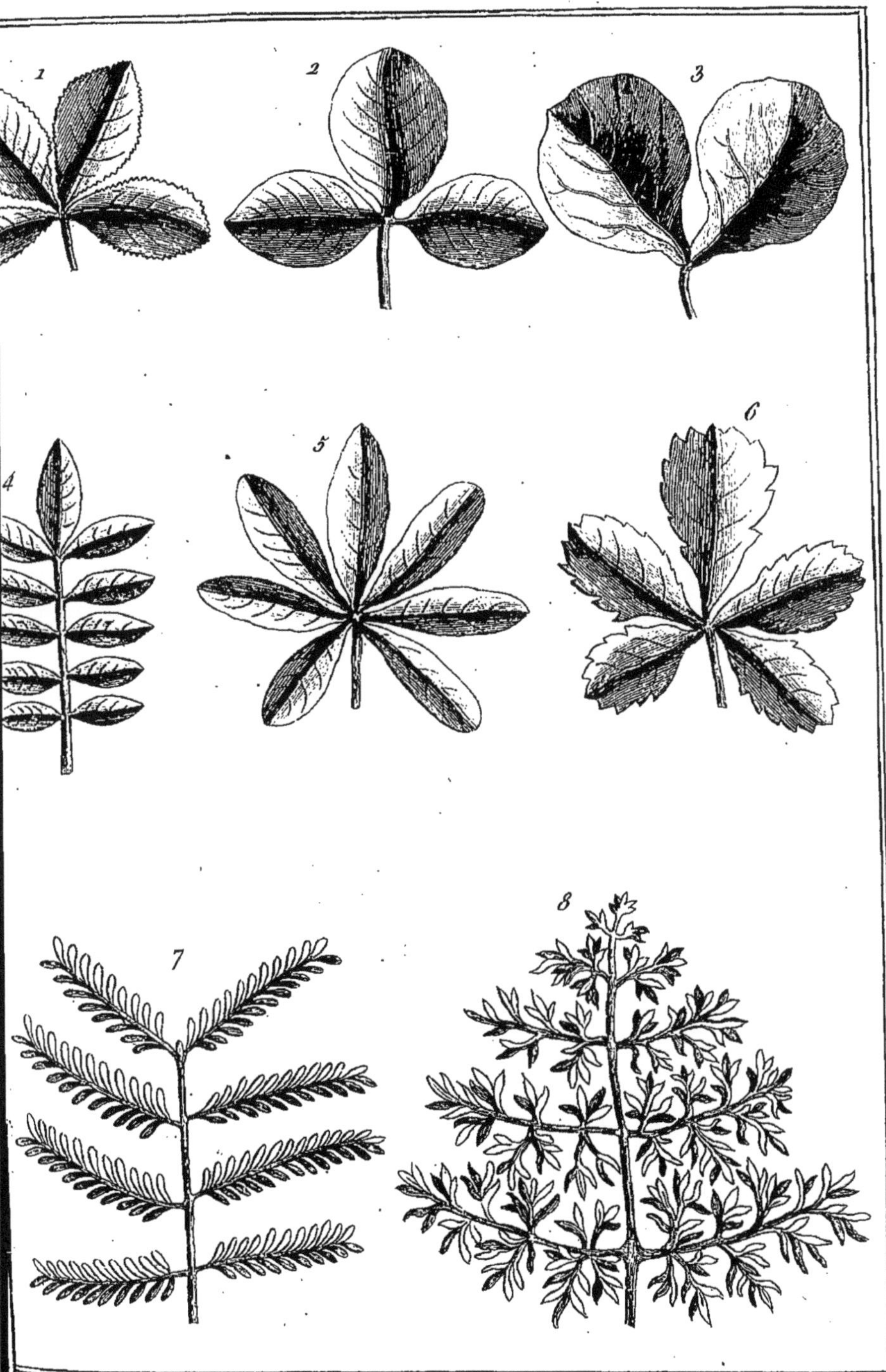

1
2
3
4
5
6
7
8

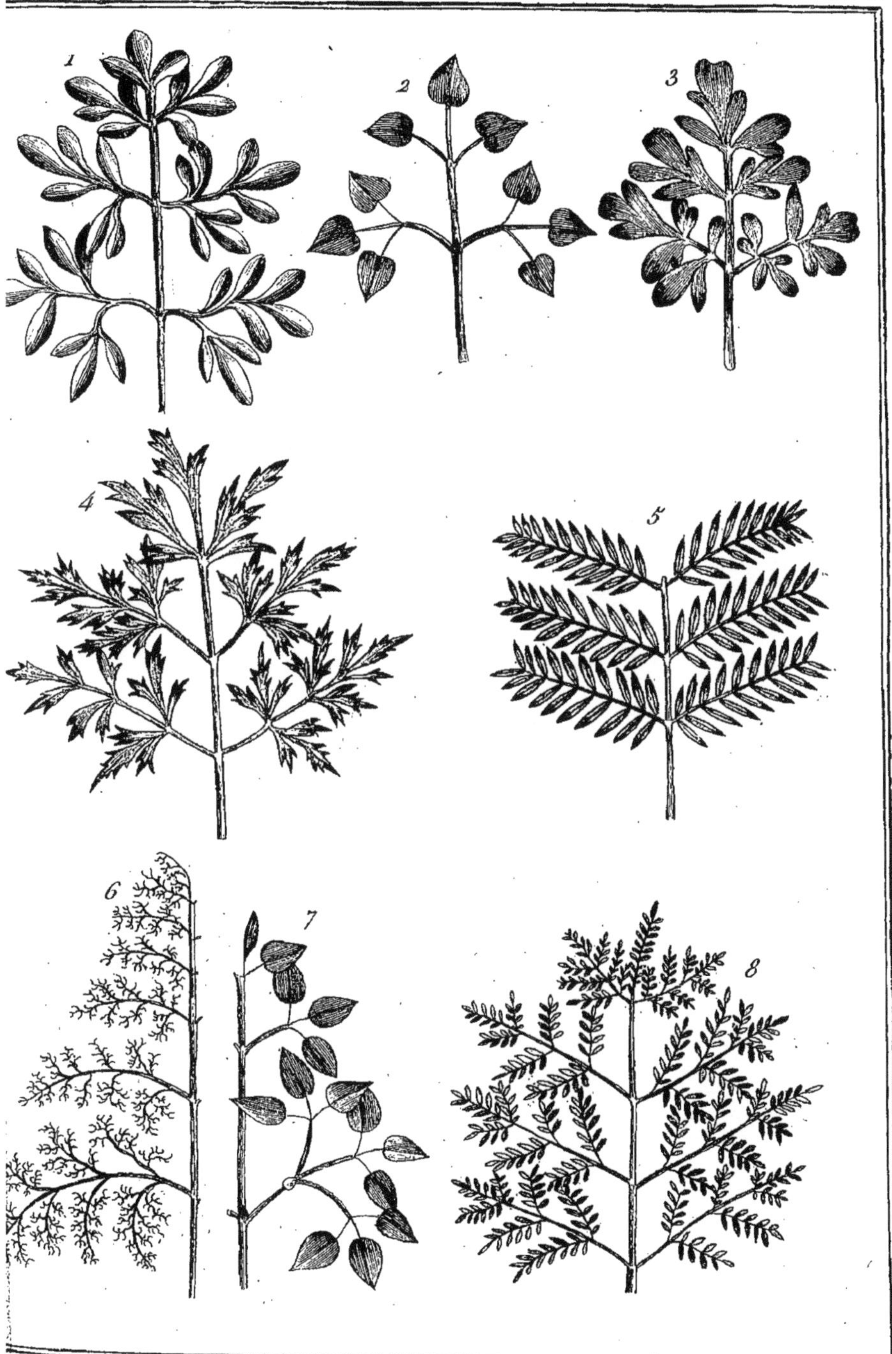

Pl. 7.

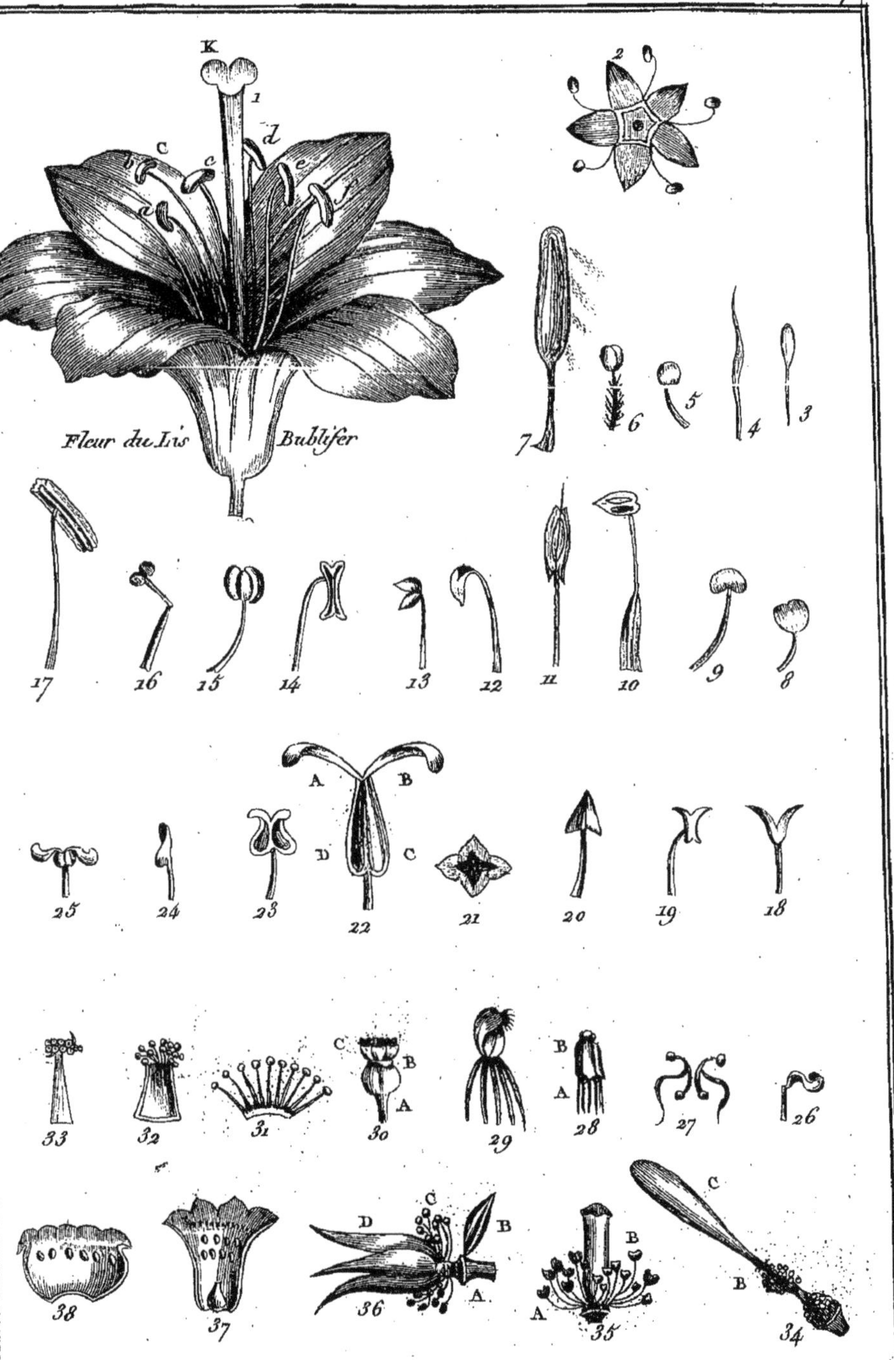

Fleur du Lis Bublifer

Botanique des Dames et des Enfants.

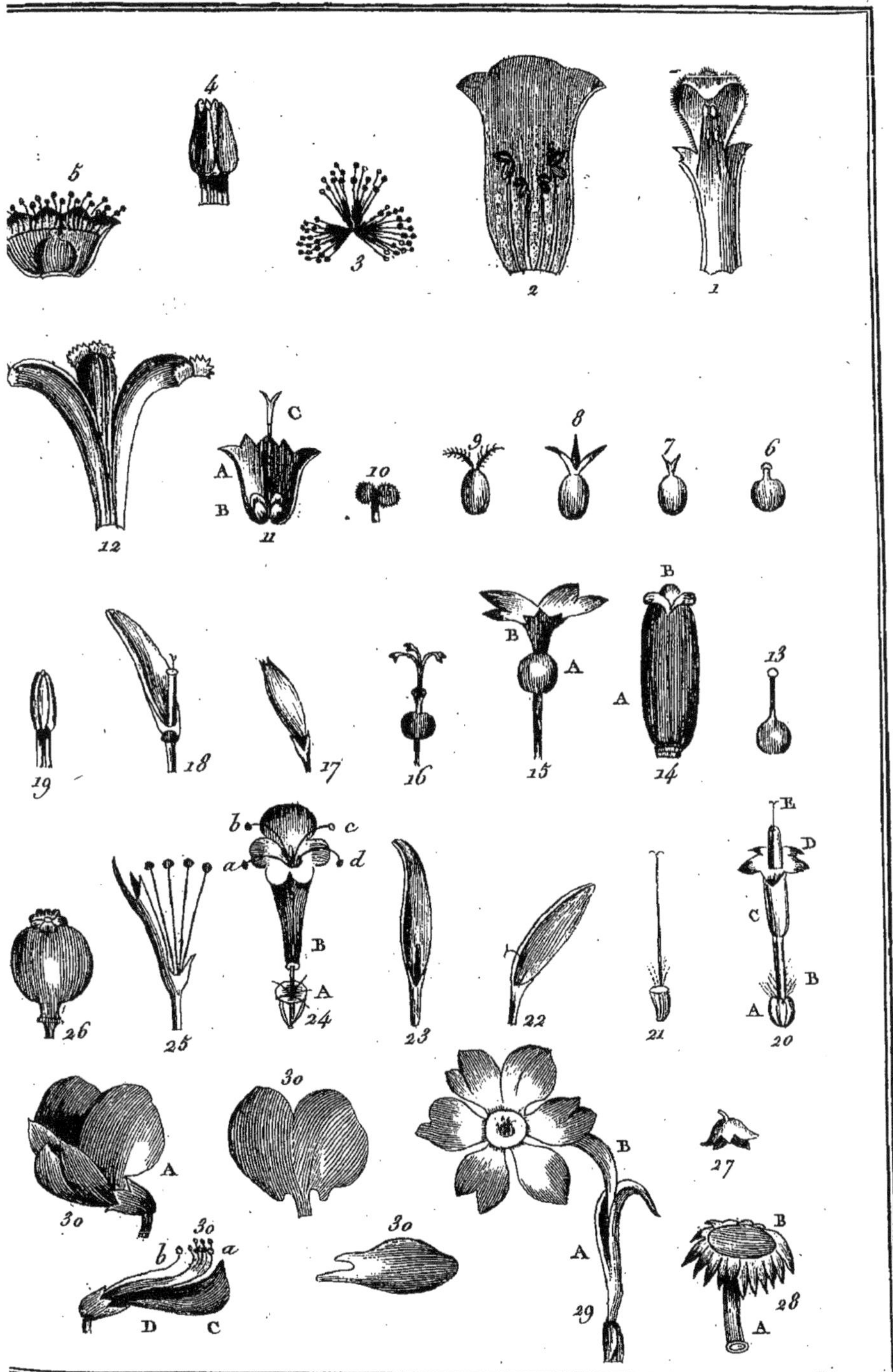

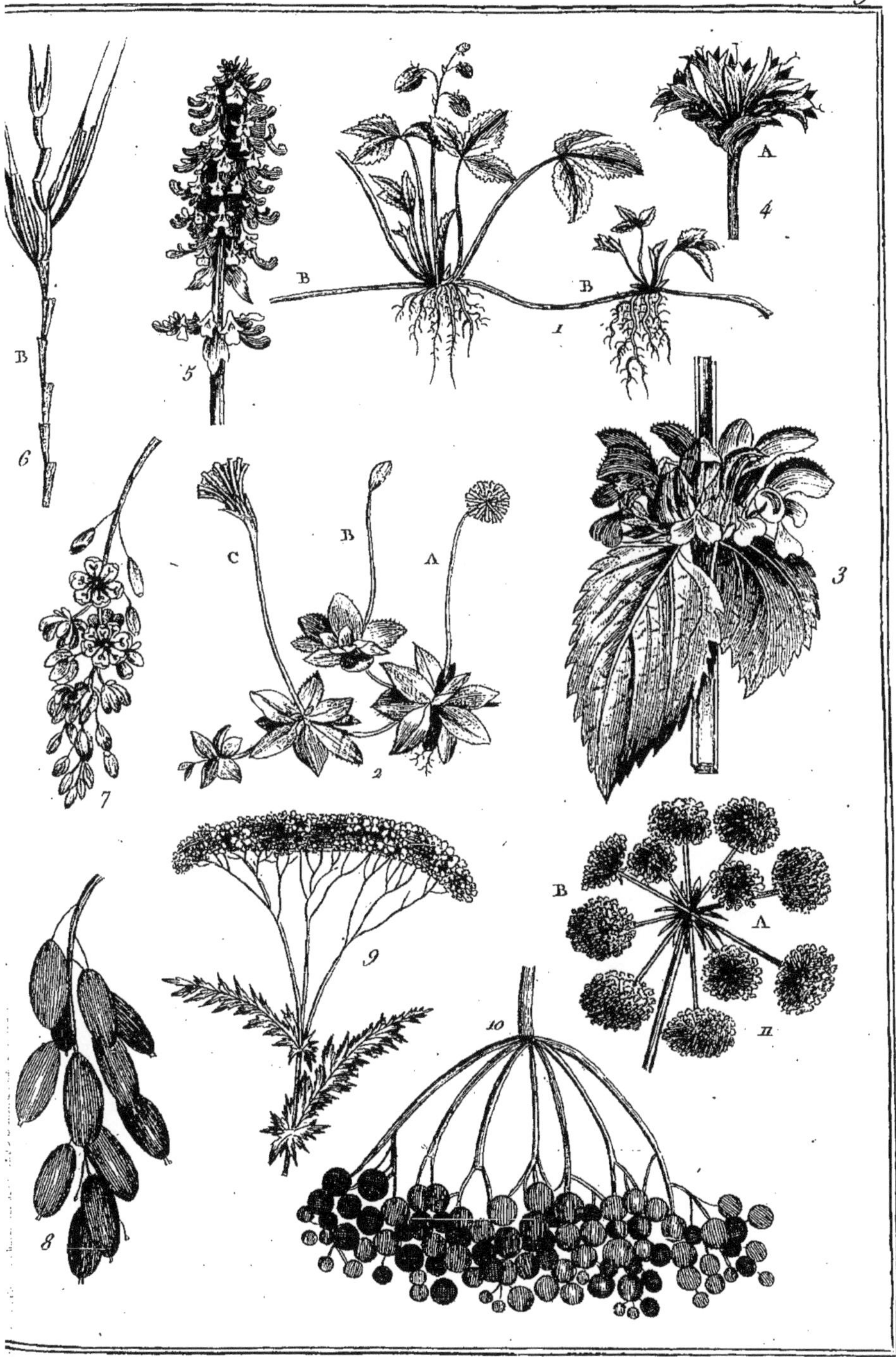

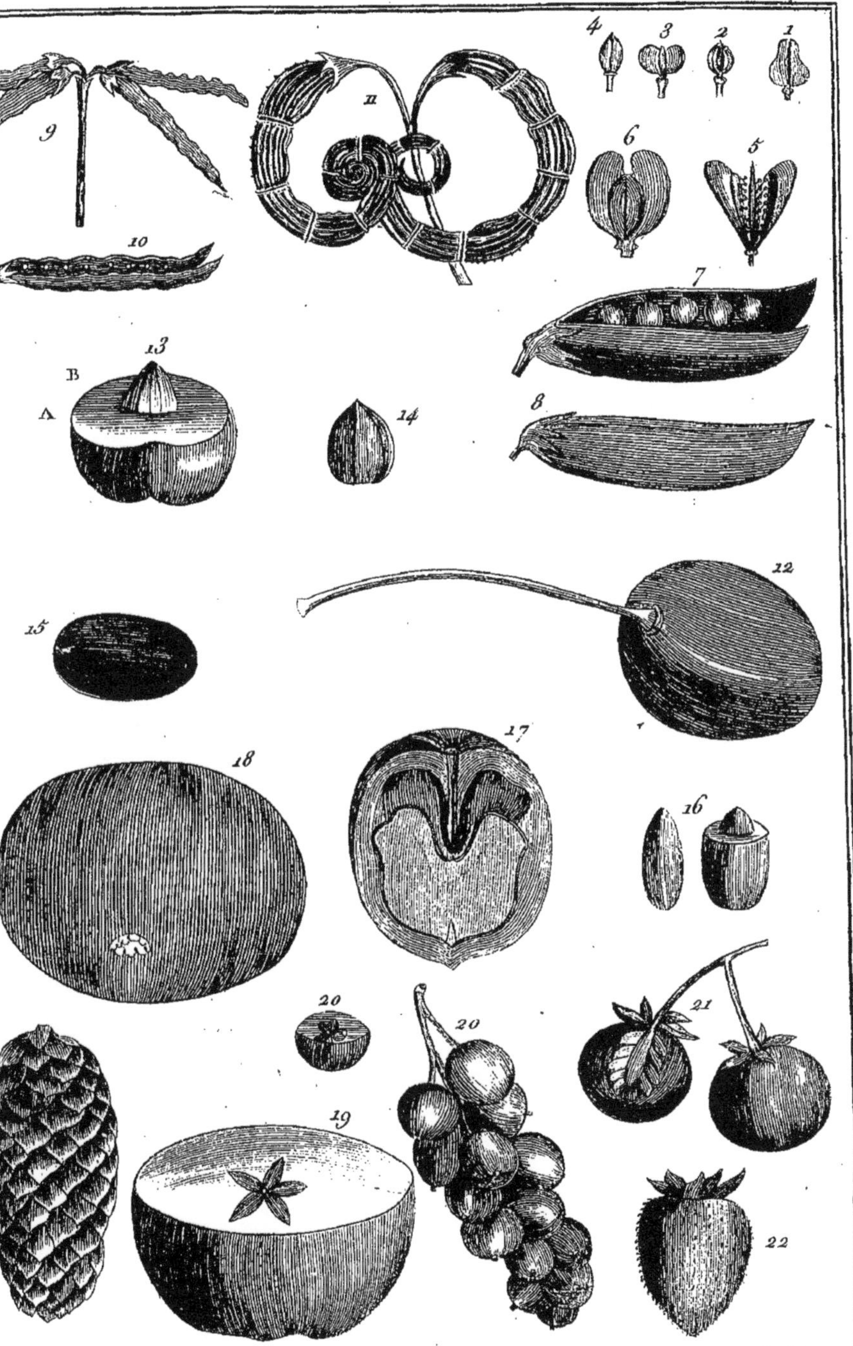

Pl. 11.

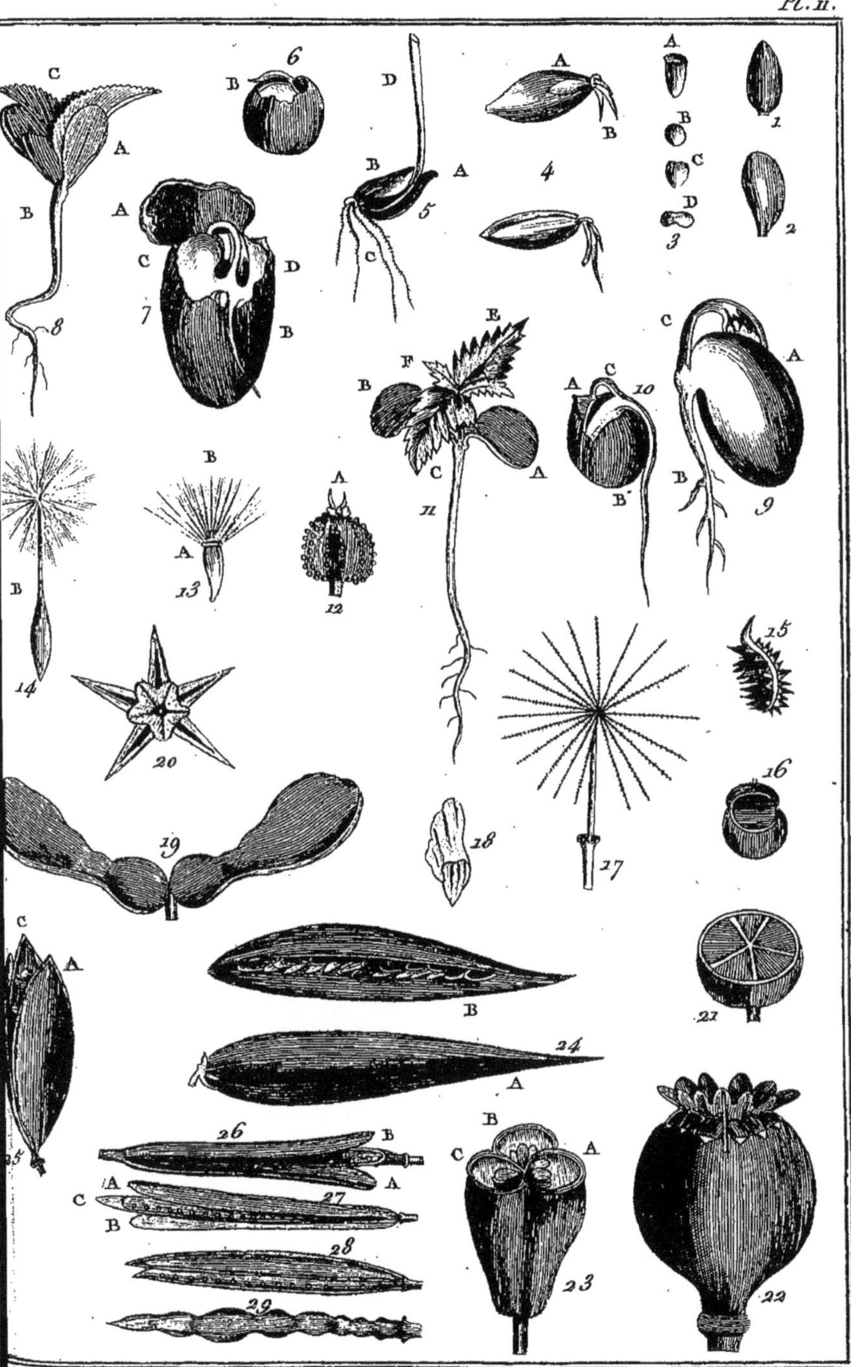

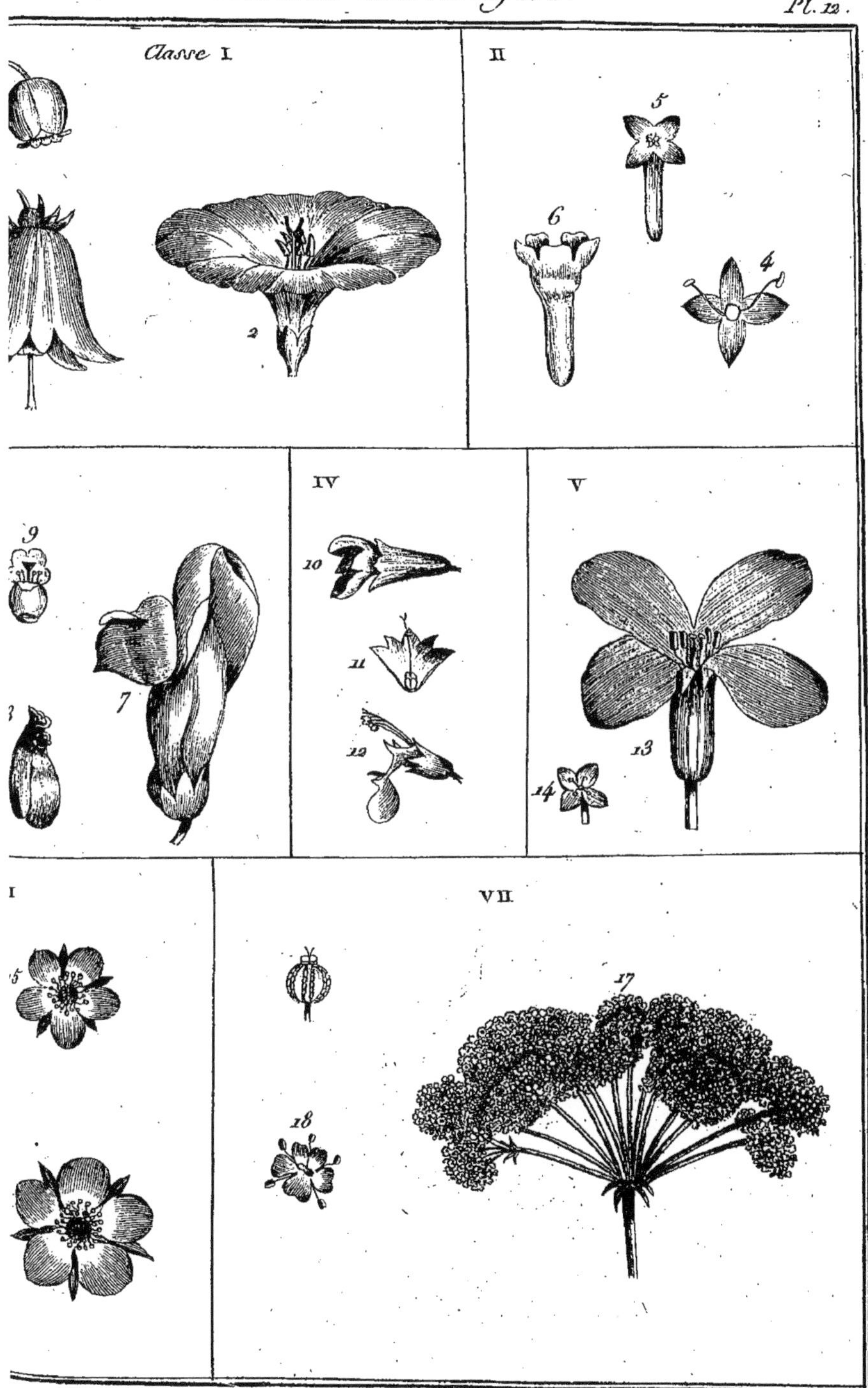
Classe I
II
IV
V
I
VII
5
6
4
9
7
10
11
12
13
14
15
18
17
2

Pl. 13.

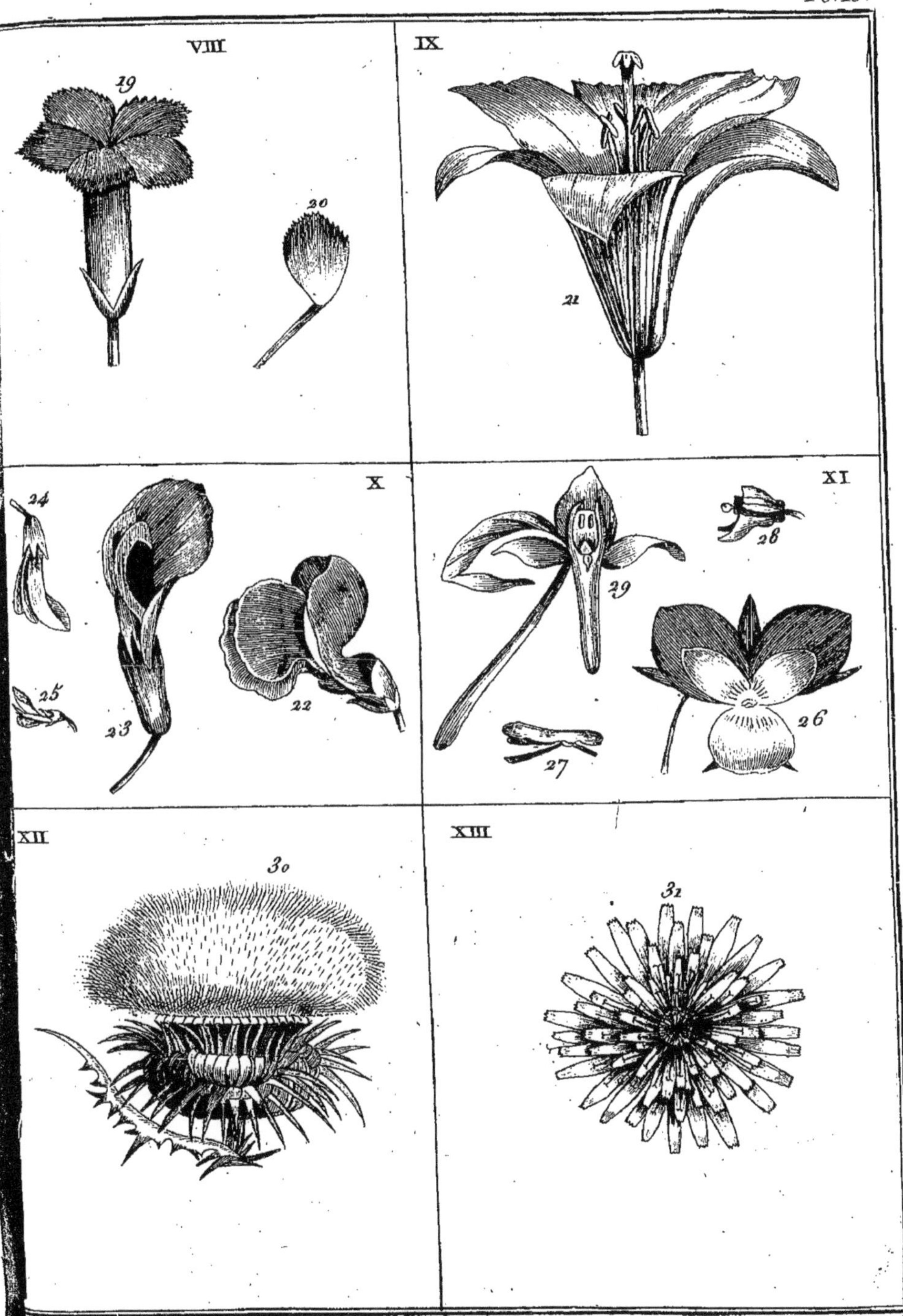

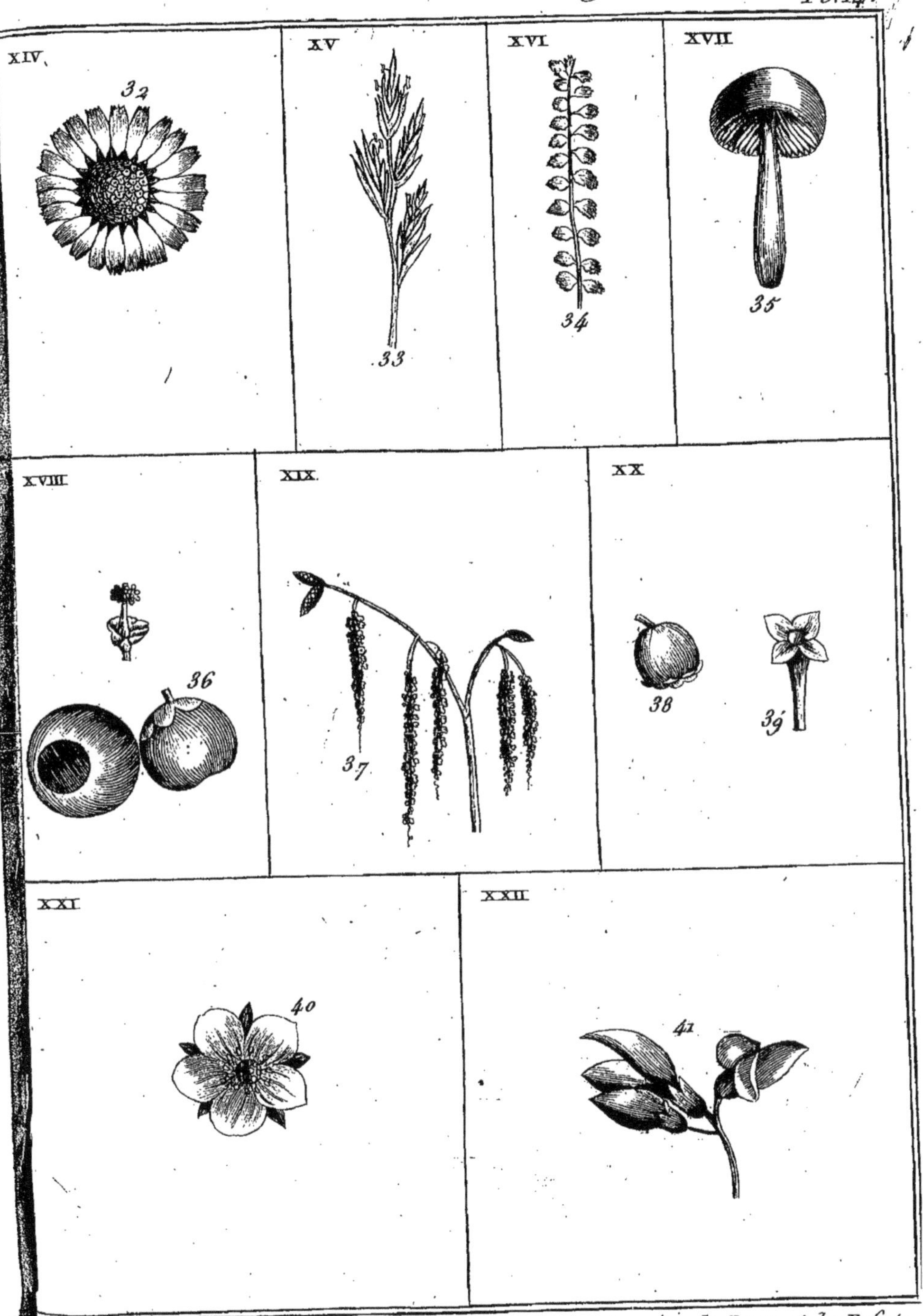

Botanique des Dames et des Enfants.

Systeme Sexuel de Linnée.
Pl. 15.
Clas. I
II
III
c
5
d
b
a
1
2
3
4
IV
V
6
7
8
9
10
VI
VII
14
11
12
A
13
VIII
IX
15
16
17
18
X
XI
19
20
21
22
23
24
XII
XIII
26
a
30
b
25
27
28
29
31
Botanique des Dames et des Enfants.

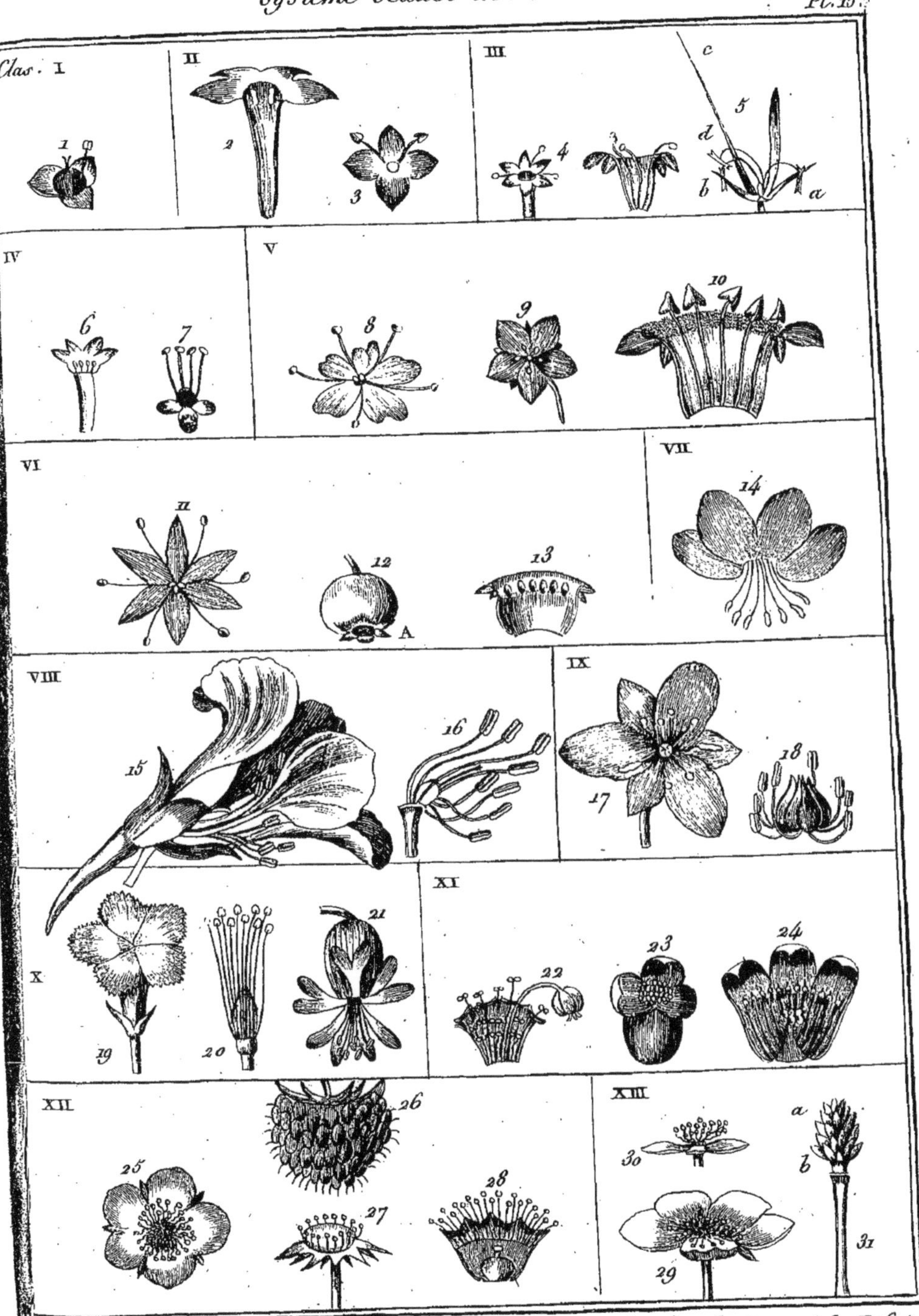

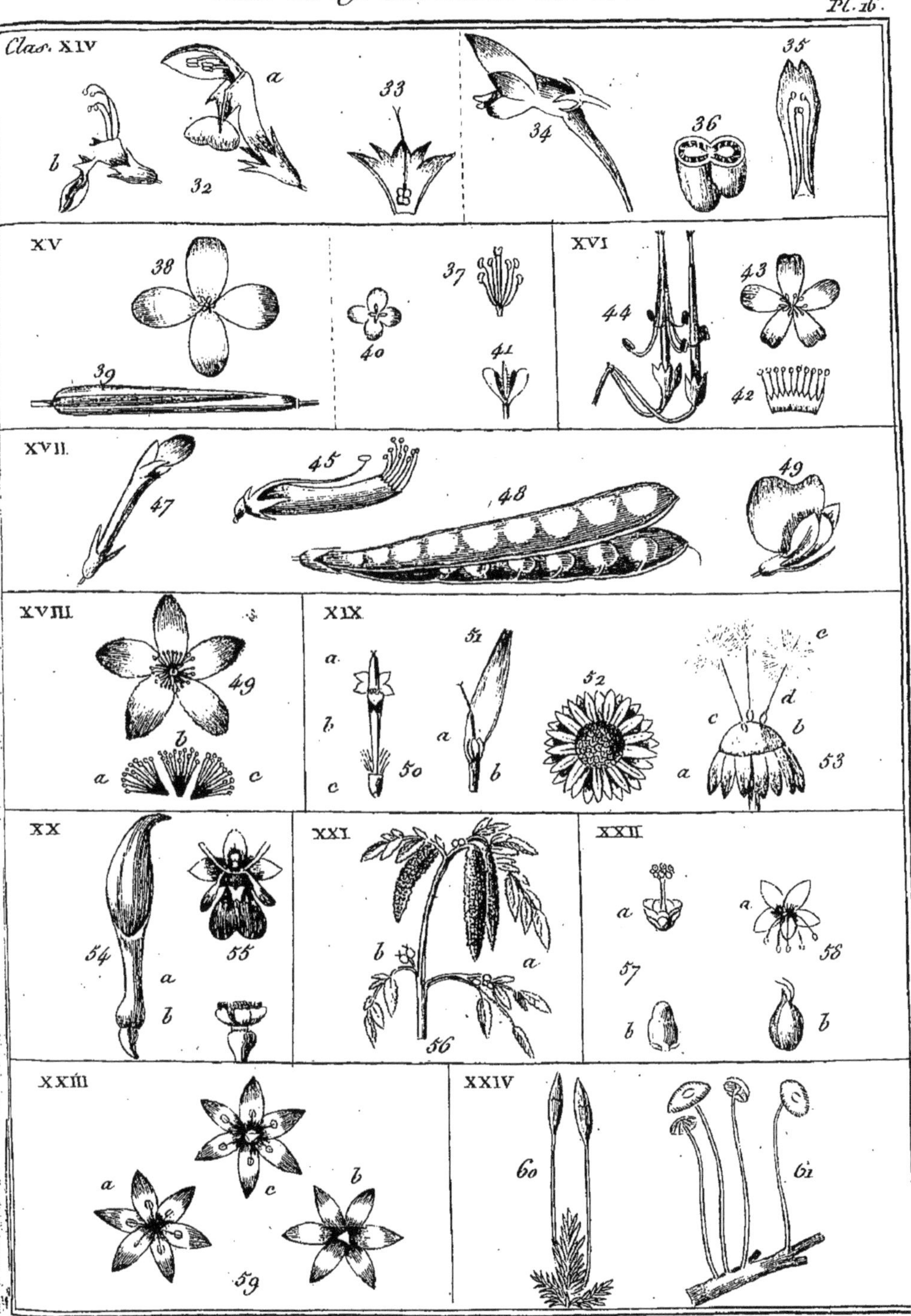

Clas. XIV
32
33
34
35
36
XV
37
38
39
40
41
XVI
42
43
44
XVII
45
47
48
49
XVIII
49
a
b
c
XIX
50
51
52
53
a
b
c
d
XX
54
55
a
b
XXI
56
a
b
XXII
57
58
a
b
XXIII
59
a
b
c
XXIV
60
61

APPENDICE

DES FAMILLES NATURELLES DES PLANTES.

*Distinguées par classes, ordres, sections et genres,
suivant la méthode botanique de JUSSIEU.*

CLASSES.	ORDRES.	SECTIONS. (*Leur nombre.*)	GENRES. (*Un de chaque Section.*)
I.	1. Les Champignons........	4.	Vesse-de-loup.—Morille.—Agaric.—Clavaire.
	2. Les Algues.............	3.	Conferve. — Varec.
	3. Les Hépatiques.........	1.	Hépatique.
	4. Les Mousses	3.	Polytric. — Bri. — Lycopode.
	5. Les Fougeres	5.	Osmonde. — Fougere. — Pilulaire. — Prêle.
	6. Les Naïades...........	3.	Pesse. — Naïade. — Lentille d'eau.
II.	1. Les aroïdes	2.	Pied-de-veau. — Acore.
	2. Les Massettes...........	1.	Massette.
	3. Les Souchets...........	2.	Laiche. — Souchet.
	4. Les Graminées.........	13.	Flouve. — Panis. — Houque. — Egilope. — Mélique. — Dactyle. — Orge. — Avoine. — Riz. — Maïs. — Larmille. — Pariane.
III.	1. Les Palmiers...........	2.	Cocotier. — Palmier-éventail.
	2. Les Asperges...........	3.	Asperge. — Salsepareille. — Taminier.
	3. Les Joncs.............	4.	Jonc. — Commeline. — Butome. — Varaire.
	4. Les Lis...............	1.	Lis.
	5. Les Ananas...........	2.	Burmanne. — Ananas.
	6. Les Asphodeles........	5.	Asphodele. — Jacinthe. — Ornithogale.—Ail.
	7. Les Narcisses..........	2.	Hémérocalle. — Narcisse.
	8. Les Iris..............	2.	Bermudienne. — Iris. — (Genres analogues.) Glaivane.
IV.	1. Les Bananiers..........	1.	Bananier.
	2. Les Balisiers	1.	Balisier.
	3. Les Orchidées..........	1.	Orchis.
	4. Les Morrennes.........	1.	Morrenne.
V.	1. Les Aristoloches	1.	Aristoloche.
VI.	1. Les Chalefs...........	2.	Chalef. — Badamier.
	2. Les Thymélées.........	1.	Lauréole.
	3. Les Protées...........	2.	Embothrion.
	4. Les Lauriers..........	1.	Laurier. — Muscadier.
	5. Les Polygonées........	1.	Oseille.
	6. Les Arroches.........	5.	Camphrée. — Soude. — Salicorne. — Corysperme.
VII.	1. Les Amaranthes........	3.	Amaranthe. — Cadelari. — Herniole.
	2. Les Plantains.........	1.	Plantain.
	3. Les Nyctages.........	1.	Nyctage
	4. Les Dentelaires........	1.	Dentelaire.

CLASSES.	ORDRES.	SECTIONS. (*Leur nombre.*)	GENRES. (*Un de chaque Section.*)
VIII.	1. Les Lysimachies	2.	Lysimachie. — Primevere. — Globulaire.
	2. Les Pédiculaires	2.	Véronique. — Pédiculaire. — Orobanche.
	3. Les Acanthes	2.	Acanthe. — Carmantine.
	4. Les Jasminées	2.	Lilas. — Jasmin.
	5. Les Gattiliers	2.	Gattilier. — Verveine. — Sélague.
	6. Les Labiées	4.	Sauge. — Germandrée. — Menthe. — Origan.
	7. Les Scrophulaires	2.	Scrophulaire. — Calcéolaire. — Gratiole. — Broualle.
	8. Les Solanées	2.	Jusquiame. — Morelle. — Calebassier.
	9. Les Borraginées	4.	Cabrillet. — Melinet. — Vipérine. — Bourrache. — Nolane.
	10. Les Liserons	2.	Liseron. — Liserole. — Cuscute.
	11. Les Polémoines	1.	Polémoine.
	12. Les Bignones	3.	Galane. — Bignone. — Bicorne.
	13. Les Gentianes	3.	Gentiane. — Gentianelle. — Spigelle.
	14. Les Apocinées	3.	Pervenche. — Apocin. — Calac.
	15. Les Sapotilliers	1.	Sapotillier.
IX.	1. Les Plaqueminiers	2.	Plaqueminier. — Alstone.
	2. Les Rosages	2.	Rosage. — Rhodore.
	3. Les Bruyeres	2.	Bruyere. — Airelle — Camarine.
	4. Les Campanulacées	2.	Campanule. — Lobélie.
X.	1. Les Chicoracées	5.	Lampsane. — Laitron. — Salsifis. — Andriale. Chicorée.
	2. Les Cynarocéphales	3.	Carline. — Jacée. — Échinope.
	3. Les Corymbifères	9.	Eupatoire. — Séneçon. — Matricaire. — Armoise. — Camomille. — Soleil. — Arctotide. — Ambroisie.
XI.	1. Les Dipsacées	2.	Cardiaire. — Valériane
	2. Les Rubiacées	11.	Caille-lait. — Hédiote. — Gardène. — Coutar. — Caffeyer. — Vanguier. — Hamel. — Céphalante. — Pagamier.
	3. Les Chevrefeuilles	4.	Chevrefeuille. — Manglier. — Sureau — Cornouiller.
XII.	1. Les Aralies	1.	Aralie.
	2. Les Ombelliferes	4.	Persil. — Impératoire. — Livéche. — Panicaut.
XIII.	1. Les Renonculacées	4.	Renoncule. — Hellébore. — Pivoine. — Actée.
	2. Les Papavéracées	2.	Pavot. — Fumeterre.
	3. Les Cruciferes	2.	Tourrette. — Passerage.
	4. Les Câpriers	1.	Câprier.
	5. Les Savonniers	2.	Savonnier.
	6. Les Érables	2.	Marronnier d'Inde. — Érable.
	7. Les Malpighies	2.	Trioptere. — Malpighie.
	8. Les Millepertuis	1.	Millepertuis.
	9. Les Guttiers	2.	Guttier. — Singane.
	10. Les Orangers	3.	Ximénie. — Oranger. — Thé.
	11. Les Azédarachs	2.	Quivi. — Azédarach.
	12. Les Vignes	1.	Vigne.
	13. Les Géraines	1.	Géranion.
	14. Les Malvacées	7.	Mauve. — Ketmie. — Quararibé. — Fromager. — Cacaoyer.
	15. Les Magnoliers	1.	Magnolier.
	16. Les Anones	1.	Anone.
	17. Les Ménispermes	1.	Ménisperme.
	18. Les Vinettiers	1.	Vinettier.
	19. Les Tiliacées	3.	Hermannie. — Tilleul. — Rocou.
	20. Les Cistes	1.	Ciste.
	21. Les Rutacées	2.	Herse. — Rue.
	22. Les Caryophyllées	6.	Holostée. — Sagine. — Morgeline. — Sabline. — Œillet. — Véleze.

CLASSES.	ORDRES.	SECTIONS. (*Leur nombre.*)	GENRES. (*Un de chaque Section.*)
XIV.	1. Les Joubarbes	1.	Joubarbe.
	2. Les Saxifrages	2.	Saxifrage. — Moscatelle.
	3. Les Cactes	2.	Groselier. — Cierge.
	4. Les Portulacées	2.	Pourpier. — Liméole.
	5. Les Ficoïdes	2.	Glinote. — Ficoïde.
	6. Les Onagres	4.	Cercodée. — Circée. — Onagre. — Santal.
	7. Les Myrtes	2.	Seringa. — Eutonie.
	8. Les Mélastomes	2.	Mélastome.
	9. Les Salicaires	2.	Salicaire. — Glauce.
	10. Les Rosacées	7.	Pommier. — Rosier. — Aigremoine. — Ronce. — Ulmaire. — Hirtelle. — Prunier.
	11. Les Légumineuses	10.	Acacie. — Bonduc. — Courbaril. — Trèfle. — Astragale. — Pois. — Coronille. — Coumarou. — Détar.
	12. Les Térébintacées	3.	Sumac. — Camélée. — Langit. — Fagarier. — Noyer.
	13. Les Nerpruns	4.	Fusain. — Houx. — Nerprun. — Céanothier. — Gouane.
XV.	1. Les Euphorbes	2.	Euphorbe. — Mancenillier.
	2. Les Cucurbitacées	4.	Gronove. — Bryone. — Concombre. — Féville. — Grenadille.
	3. Les Orties	2.	Figuier. — Ortie.
	4. Les Amentacées	3.	Orme. — Saule. — Charme.
	5. Les Conifères	2.	If. — Génévrier.

Nota. Outre les 15 classes qui renferment 160 ordres et 1765 genres, le citoyen A. L. Jussieu a disposé en forme d'appendice, et sous le titre de *Plantæ incertæ sedis*, 137 genres suivant une méthode dont les caractères primaires sont tirés de Tournefort, et les caractères tant secondaires que tertiaires sont empruntés de Linné : ainsi les plantes comprises dans l'appendice sont divisées en monopétales, polypétales, apétales, avec ovaire supère ou infère, monogynes ou polygines, et sous-divisées par le nombre des étamines.

A la suite de ces 137 genres, A. L. Jussieu en a indiqué 34 autres, qui sont tous des arbres ou arbrisseaux, et que, vu l'insuffisance des observations, il s'est borné à distribuer à raison des feuilles opposées ou alternes, simples ou composées.

EXPLICATION

DES SEIZE PLANCHES.

PLANCHE PREMIÈRE.

Racines.

1. Racine rameuse, oblique.
2. — en chapelet.
3. — chevelue ou fibreuse.
4. — en fuseau ou fusiforme, pivotante.
5 et 6. — rampantes.
7. — scrotiforme ou didyme.
8. — articulée, écailleuse, horizontale.

PLANCHE II.

Suite des racines.

9. Racine bulbeuse.
10. Bulbe prolifère.
11. Racine tubéreuse simple.
12. — — solide.
13. — horizontale, tubéreuse, articulée, tronquée.
14. Bulbe tuniquée.
15. Racine tubéreuse palmée.
16. — tubéreuse fasciculée.
17. — granulée.

PLANCHE III.

Feuilles simples.

1. Feuille elliptique.
2. — ovale aiguë.
3. — ovale renversée.
4. — oblongue.
5. — linéaire lancéolée.
6. — en alène ou subulée.
7. — épaisse, linéaire.
8. — linéaire.

9. — en fer de flèche, ou sagittée.
10. — en triangle ou triangulaire.
11. — en croissant.
12. — en rein.
13. — en rein arrondi.
14. — arrondie, crénelée.
15. — à cinq lobes.
16. — à quatre lobes.
17. — à trois lobes.
18. — en cœur renversé.
19. — hastée.
20. — en fer de flèche, émoussée au sommet.
21. — roncinée.
22. — à sept ou huit lobes denticulés.
23. — à sept lobes, avec deux petites oreillettes arrondies à la base.
24. — à cinq divisions presque palmées.
25. — trifide rongée.
26. — à cinq divisions palmées.
27. — oblongue, crénelée, ridée.
28. — arrondie, à neuf lobes peu profonds et denticulés.
29. — plissée, à sept lobes peu profonds et denticulés.
30. — à sept lobes.
31. — sinuée, dentée.
32. — lancéolée, dentée en scie.
33. — en cœur ovale, dentée en scie.
34. — cylindrique, fistuleuse.
35. — arrondie ovale, doublement dentée.
36. — palmée, découpures échancrées au sommet.
37. — arrondie, ovale, dentée.
38. — elliptique, arrondie, crénelée.

PLANCHE IV.

Suite des feuilles simples.

1. *a.* Feuille légèrement sinuée ; *b.* feuille sinuée.
2. — en cœur, denticulée en scie.
3. — ovale, oblongue, dentée en scie.
4. — arrondie, sinuée, en parasol.
5. — ronde, en parasol.
6. — en lyre.
7. — en coin échancré au sommet.
8. — ovale, bifide au sommet.
9. — en doloir ovale aiguë.
10. — pétiolée, en cœur arrondi, ponctuée ou pointillée.

11. feuille, ovale lancéolée, légèrement sinuée.
12. — trigone, pyramidale.
13. — en cœur pointu.
14. — ovale aiguë, à cinq nervures.
15. — ovale pointue, à trois nervures.
16. — oblongue, lancéolée, rétrécie en pétiole demi-embrassant.
17. — charnue, linéaire, cylindrique, hérissée de pointes.
18. — divisée en cinq parties laciniées.
19. — charnue en spatule, ponctuée.
20. — en violon.
21. — hastée, à double oreillette.
22. — en coin, sinuée également.
23. — conjointes.
24. — elliptique, ovale crénelée.
25. — triangulaire, sagittée, rongée.
26. — rhomboïdale.
27. — oblongue, rétrécie en pétiole avec deux petites oreillettes aiguës.
28. — pennatifide
29. — sagittée, embrassante.
30. — perfoliée, ovale aiguë.
31. — longue, linéaire, engaînante à sa base. *a. b.* gaîne.

PLANCHE V.

Feuilles composées.

1. Feuille à quatre folioles ovales, dentées en scie.
2. — à trois folioles ovales renversées, denticulées en scie.
3. — à deux folioles opposées, imparfaitement arrondies.
4. — pentadactyle, denticulée en scie.
5. — à sept folioles digitées, ovales lancéolées.
6. — à cinq folioles ovales renversées, dentées en scie.
7. — bipennées sans impaire.
8. — tripennatiforme et comme décomposée.

PLANCHE VI.

Suite des feuilles composées.

1. Feuille triternée, à folioles inégales.
2. — biternée, folioles en cœur.
3. — bipennatiforme, à folioles inégales.
4. — tripennatiforme, et comme décomposée.
5. — bipennée, sans impaire.
6. — décomposée.
7. — triternée, avec impaire, à folioles ovales aiguës.
8. — tripennée avec impaire.

PLANCHE VII.

FLEURS. — *Fleur du lis bulbifère.*

1. *a. b. c. d. e. f. g. h.* Périanthe simple pétaloïde campanulé, à six divisions profondes, recourbées en dehors. *a. b. c. d. e. f.* Etamines à anthères vacillantes. 1. style. *k.* stigmate trilobé.

2. Fleurs à cinq étamines alternes avec les divisions du calice, et insérées vers les angles d'un disque pentagone.

3. Anthères continues avec le filet.

4. — linéaire aiguë.

5. — à anthères globuleuses.

6. — anthère globuleuse, marquée d'un sillon et a filet velu.

7. — — oblongue, sillonnée et répandant le pollen.

8. — — en cœur.

9 — — en forme de rein.

10. — — horizontale en cœur, attachée au filet par sa surface inférieure; filet dilaté à sa base.

11. — — latérale.

12 — filet courbé au sommet; anthère pendante.

13. — anthère didyme, à loges divergentes.

14. — — bifide aux deux bouts.

15. — — arrondie, échancrée au sommet.

16. — — didyme filet coudé.

17. — — prismatique à quatre sillons.

18. — — bicorne.

19. — — bicorne au sommet, bifide à sa base.

20. — — sagittée.

21. — quatre anthères sessiles, attachées immédiatement sur le périanthe simple.

22. — anthère ouvrant ses loges *C. D.* par des membranes *A. B.* qui se relèvent de la base au sommet.

23, 24, 25, 26. Etamines anthères difformes.

27. — filets courbés portant chacun à son sommet un filet transversal, terminé à ses deux extrémités par une loge d'anthère.

28. Cinq étamines à filets distincts *A*, et à anthères réunis *B*.

29. — — réunies par leurs anthères en tête difforme.

30. *A.* Ovaire adhérent. *B.* Vestige du périanthe dont le limbe est tombé. *C.* Six anthères sessiles adhérentes au style.

31. Dix étamines monadelphes par leur base.

32 et 33. Plusieurs étamines monadelphes en tube ou en colonne.

34. Pistils *A.* et étamines *B.*, ramassées séparément autour d'un axe ou spadice commun, prolongé en massue *C.*

35. Beaucoup d'étamines *A.* hypogynes, insérées sous le pistil *D.*

36. Point d'attache *A.* des folioles *B.*, d'un calice polyphille ; beaucoup
d'étamines *C.* insérées au support du pistil *D.*

37. Pistil libre au fond d'un périanthe simple, huit anthères sessiles sur
deux rangs.

38. Six anthères sessiles insérées vers l'orifice d'un périanthe simple.

PLANCHE VIII.

Suite des fleurs.

1, 2. Etamines didynames.

3. — triadelphes.

4. — anthères rapprochées.

5. — insérées à l'orifice d'un périanthe simple.

6. — pistil, ovaire globuleux, style court ; stigmate arrondi

7. — — — — — — fourchu ou sessile.

8. — — ovale ; style très-court, à trois divisions.

9. — point de style ; deux stigmates grêles et velus.

10. Ovaire didyme.

11. *A. B.* Calice fendu longitudinalement pour laisser voir un ovaire à
quatre lobes surmonté d'un style grêle, à stigmate bifide.

12. Stigmate pétaloïde.

13. Pistil : ovaire sphérique, style droit, grêle, stigmate globuleux.

14. — *A.* ovaire trigone, *B.* stigmate sessile à trois lobes.

15, 16. *A.* Ovaire, *B.* périanthe adhérent par sa base à l'ovaire.

17. Demi-fleuron dont l'ovaire est avorté.

18. — — hermaphrodite.

19. Etamines réunies par les anthères.

20. Fleuron hermaphrodite. *A.* Ovaire couronnée par le périanthe.
B. Aigrette. *C.* Périanthe simple pétaloïde. *D.* Tube que forment
les anthères par leur union. *E.* Style traversant le tube des
étamines et terminé par un stigmate bifide.

21. Pistil d'un fleuron dégagé du périanthe et des étamines.

22. Demi-fleuron femelle.

23. — — mâle.

24. Fleurs appartenantes à ces groupes de fleurs désignés sous le nom de
tête. A. Ovaire adhérent au calice. *B.* Corolle supérieure à
l'ovaire ; *a. b. c. d.* étamines distinctes.

25. Fleur irrégulière d'une fleur en tête.

26. *A.* Ovaire rétréci en pédicelle à sa base. *B.* stigmate sessile étoilé.

27. Périanthe simple calicinal, campanulé, à cinq divisions.

28. *A.* Involucre, nommé par les botanistes *calice commun. B.* Réceptacle
commun.

29. *A.* Spate environnant la base *B.* d'un périanthe simple pétaloïde.

30. Fleur papillonnacée. *A.* Etendard ou pavillon. *B.* Ailes. *C.* Carène.
D. Gaîne formée par la réunion de neuf étamines *a*, la dixième
étamine *b.* étant libre.

PLANCHE IX.

Disposition des fleurs.

1. Plante rampante jetant des filets *B.* qui s'enracinent et produisent des rejetons *C.*
2. *A. B. C.* Hampe uniflore.
3. Fleurs verticillées.
4. — en tête ; *A.* involucre.
5. — en épi interrompu à sa base.
6. *A. B.* Glumes sessiles terminées chacune par une arête, disposées alternativement sur un axe articulé.
7. Grappe.
8. La même en fruit.
9. Corymbe.
10. Cyme.
11. Ombelle ; *A.* involucre ; *B.* involucelle.

PLANCHE X.

Fruits.

1. Silicule en cœur renversé.
2. — globuleuse.
3. — en cœur droit.
4. — ovale, aiguë.
5. — triangulaire, échancrée à son sommet, ouverte.
6. — ailée avec un sinus profond à son sommet.
7. Légume ouvert ; graines attachées à la suture supérieure.
8. — fermé.
9, 10. — allongé, renflé de distance en distance.
11. — articulé, strié, roulé en spirale sur lui-même.
12. Drupe arrondi, pédunculé.
13. La même coupée transversalement. *A.* Première enveloppe pulpeuse ; *B.* Noix ou noyau.
14. Noyau hors de l'enveloppe pulpeuse ; on y remarque d'un côté une suture saillante.
15. Drupe elliptique.
16. La même, coupée. *B.* noyau extrait du péricarpe.
17. Moitié d'une noix.
18. Baie-Pomme un peu déprimée.
19. La même coupée pour faire voir ses cinq loges.
20. Baie couronnée par le limbe du calice.
21. — à calice non adhérent.
22. Réceptacle charnu.
23. Cône.

PLANCHE XI.

Germination. Suite des fruits.

1. Graine ovale, marquée d'un sillon longitudinal.
2. — — renversée.
3. — *A.* en coin; *B.* globuleuse; *C.* en cœur; *D.* en rein.
4. — d'orge commençant à germer; on voit en *A.* le cotylédon unique mis à découvert; *B.* radicule.
5. La même plus avancée dans sa germination; *A.* testa de la graine. *B.* albumen; *C.* radicule; *D.* plumule.
6. Graine de pois dont la radicule *A.* commence à s'allonger; *B.* cotylédons en partie découverts.
7. — de haricot commençant à germer. *A.* portion du testa; *B.* radicule; *C.* cotylédon; *D.* plumule.
8. — du cérisier germée. *A.* cotylédon; *B.* radicule; *C.* les feuilles primordiales.
9. — de haricot. *A.* cotyldons; *B.* radicule; *C.* plumule courbée.
10. La figure 6 plus développée. *A.* cotylédons; *B.* radicule; *C.* plumule courbée.
11. Germination d'une graine de chanvre, *A B* cotylédons développés *E F G* feuille primordiales.

Suite des fruits.

12. Noix composée, couronnée *A* : ce sont deux noix réunies, appelées *graines nues* par la plupart des botanistes, et *polaxène bipartible* par *Richard.*
13. — *A.* aigrettée; *B.* aigrette simple sessile; *graine nue aigrettée* des botanistes, *akène aigrettée* de *Richard.*
14. — *A.* aigrettée; aigrette *C.* pédicellée; *B.* graine nue *akène.*
15. — hérissée de pointes; graines nues *akène.*
16. Capsule s'ouvrant transversalement en boîte à savonette.
17. Noix aigrettée; aigrette plumeuse pédicellée, graine nue *akène.*
18. — ailée; graine nue des botanistes; *akène ailée, Richard.*
19. — didymes ailées.
20. Capsule étoilée.
21. Péricarpe à cinq loges.
22. Capsule s'ouvrant par des pores sous le stigmate persistant.
23. Péricarpe triloculaire. *A B C* graines horizontales, attachées à l'axe central.
24. Follicule; *A.* fermé; *B.* ouvert.
25. Silique aplatie, ouverte; *A B.* valves; *C.* cloison aux deux bords de laquelle les graines sont fixées.

26. — s'ouvrant par en bas ; *A B.* valves.
27. — — s'ouvrant par le sommet *A B.* valves.
28. — uniloculaire.
29. — noueuse ne s'ouvrant pas.

PLANCHE XII.
Méthode de Tournefort.

Classe 1. Fig. 1, 2, 3, les campaniformes, ou fleurs en cloche.
    2. — 4, 5, 6, les infundibuliformes, ou fleurs en entonnoir.
    3. — 7, 8, 9, les personnées, ou fleur en masque.
    4. — 10, 11, 12, les labiées, ou fleurs en gueule.
    5. — 13, 14, les crucifères ou fleurs en croix.
    6. — 15, 16, les rosacées, ou fleurs en rose.
    7. — 17, 18, les ombellifères, ou fleurs en ombelle, en parasol.

PLANCHE XIII.
Suite de la méthode de Tournefort.

Classe 8. Fig. 19, 20, les caryophyllées ou fleurs en œillet.
    9. — 21, les liliacées ou fleurs en lis.
    10. — 22, 23, 24, 25, les papillonnacées ou légumineuses.
    11. — 26, 27, 28, 29, les anomales, ou fleurs polypétales propre-
        ment dites.
    12. — 30, les flosculeuses, ou fleurs à fleurons.
    13. — 31, les semi-flosculeuses, ou fleurs à demi-fleurons.

PLANCHE XIV.
Suite de la méthode de Tournefort.

14. Fig. 32., les radiées ou fleurs en soleil.
15. — 33, les apétales ou fleurs à étamines.
16. — 34, les apétales sans fleurs.
17. — 35, les apétales, sans fleurs ni graines apparentes.
18. — 36. arbres ou arbustes à fleurs à pétales ou à étamines sans
    pétales.
19. — 37, arbres ou arbustes à fleurs à pétales amentacées.
20. — 38, 39, arbres ou arbustes à fleurs monopétales campani-
    formes ou infundibuliformes.
21. — 40, arbres ou arbrisseaux à fleurs rosacées.
22. — 41, arbres ou arbustes à fleurs papillonnacées ou légumineuses.

PLANCHE XV.
Système de Linné.

Une étamine insérée à la base de l'ovaire.

2. Deux étamines attachées sur la corolle dans son tube.

3. — — saillantes partant du tube de la corolle.

4. Trois étamines attachées dans le tube de la corolle et saillantes.

5. *A B.* glume ; *C D.* bâle ; *D E* l'une des valves de la bâle terminée par une arête ; trois étamines à anthères bifides aux deux bouts.

6. Quatre anthères sessiles, attachées à l'orifice de la corolle.

7. — étamines saillantes.

8. — Cinq étamines alternes avec les pétales.

9. — — opposées aux divisions de la corolle.

10. — — étamines à anthères sagittées, attachées sur la corolle.

11. Six étamines à anthères sagittées, attachées sur la corolle.

12 et 13. — — — — sessiles, attachées à l'orifice d'un périanthe globuleux ; *A.* limbe à six dents.

14. Sept étamines.

15. Calice éperonné, cinq pétales à longs onglets.

16. Huit étamines ; ovaire central.

17. Calice à trois folioles ; corolle à trois pétales ; neuf étamines.

18. Ovaire entouré de neuf étamines.

19. Calice monophylle, caliculé à sa base ; cinq pétales.

20. Dix étamines portées sur un disque cylindrique, partant du fond du calice de la fig. 19.

21. Calice monophylle ; cinq pétales à lames bilobées ; dix étamines saillantes.

22. Douze étamines à anthères didymes ; ovaire pédicellé.

23. — étamines, sortant d'un périanthe simple, monophylle, à limbe à trois lobes.

24. Le même périanthe ouvert longitudinalement.

25. Corolle à cinq pétales ; étamines en grand nombre.

26. Baie composée.

27. Étamines insérées sur le calice.

28. — — à l'orifice du périanthe.

29. Fleur à cinq pétales ; grand nombre d'étamines.

30. Calice de la fleur *fig.* 29, dégagé de ses pétales pour montrer l'attache des étamines sous l'ovaire.

31. *B.* partie où étoient attachées les folioles calicinales, les pétales et les étamines ; *A.* beaucoup d'ovaires réunies en tête.

PLANCHE XVI.

Suite du système de Linné.

32. *B.* corolle unilabiée, étamines didynames ; *A.* corolle bilabiée, étamines didynames.

33. Calice fendu longitudinalement, laissant voir un ovaire à quatre lobes devenant quatre petites noix, style grêle, à stigmate bifide.

34. Corolle bilabiée, anomale éperonnée.

35 La même ouverte longitudinalement pour montrer les étamines didynames.

36. Capsule coupée transversalement pour laisser voir les deux loges, le placenta et les graines.

37. Etamines tétradynames, entourant le pistil grêle, surmonté d'un stigmate échancré à son sommet.

38. Fleurs en croix.

39. Silique.

40. Autres fleurs en croix.

41. Silique ouverte.

42. Etamines monadelphes.

43. Corolle à cinq pétales échancrés à leur sommet.

44. Fruit se divisant en cinq petites capsules, surmontées chacune d'une portion du style persistant et formant une arète.

45. Dix étamines, dont neuf monadelphes et une dixième libre.

46. Fleur papillonnacée.

47. Autre fleur papillonnacée.

48. Légume.

49. Corolle à cinq pétales, étamines triadelphes.

50. *A B C.* fleuron; *A.* étamines réunies par les anthères ou syngénèses; *B.* périanthe tubulé pétaloïde; *C.* noix aigrettées.

51. Demi-fleuron; *A.* style sortant du tube des anthères syngénèses; *C.* limbe prolongé en languette.

52. Fleur composée, radiée.

53. *A.* involucre ou calice commun des botanistes; *B.* réceptacle commun; *C.* noix aigrettées; aigrettes *E.* pédicellées *D.*

54. Périanthe simple, anomale, adhérent par sa base à l'ovaire; *B.* ovaire; *A.* six anthères sessiles gynandres, c'est-à-dire, réunies à l'ovaire.

55. Fleur polypétale, anomale, à anthères réunies par les filets.

56. Plante monoïque; *A.* chatons de fleurs mâles; *B.* fleurs femelles.

57. *A.* fleur mâle; *B.* fleur femelle.

58. *A.* fleur mâle; *B.* fleur femelle.

59. *A.* fleur mâle; *B.* fleur femelle; *C.* fleur hermaphrodite.

60. Mousse.

61. Champignon.